口絵１　コマツナの葉の表と裏

普通の状態のコマツナの葉　水を入れたコマツナの葉

口絵２　コマツナの葉に水を入れる

キクモ：角野康郎博士（神戸大学）撮影

口絵３　気中葉(左)と水中葉

ミズハコベ：古賀皓之博士（東京大学）撮影

口絵４　人の背より大きなバナナの葉

口絵５　クスノキの落枝

口絵 6　ヒイラギの葉の 2 つの形
：塚谷裕一博士（東京大学）撮影

口絵 7　奇想天外：加藤栄博士 撮影

口絵 8　樹皮の 2 タイプ

口絵 10　寄生植物ストライガ
：吉田聡子博士、
白須賢博士（理化学研究所）提供

口絵 9　クラスター根：M.Shane 博士撮影

口絵 11　根にできた根粒（左）と
その断面（右）：安田美智子博士
（東京農工大学）撮影

ヤエヤマヒルギの支柱根（左）
オヒルギの膝根（右）

ラクウショウの気根

口絵 12　さまざまな根 ①

タコノキの支柱根

サキシマスオオノキの板根：梶田忠博士（琉球大学）撮影

口絵 13　さまざまな根 ②

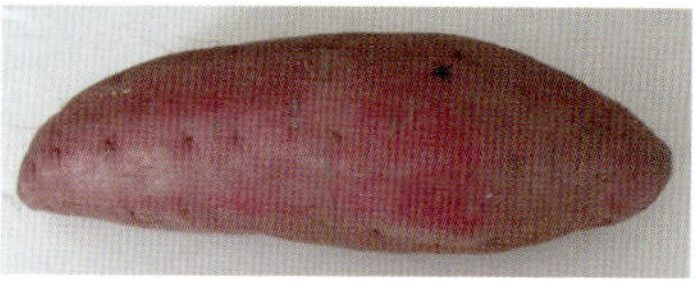

口絵 14　さまざまな根 ③

口絵 15　イネ科の植物の花（シマスズメノヒエ）

口絵 16　葉から芽を出して増える栄養繁殖（カランコエ）

口絵 17　カエデの果実（トウカエデ）

口絵 18
ランの果実と種子
（シラン）

口絵 19
オニバスの種子：福原達人 博士
（福岡教育大学）提供

口絵 20
ツバキに絡みつくヤブカラシ

植物の形には意味がある

園池公毅

はじめに

この本では、植物の形について考えてみたいと思います。そして、特に強調したいポイントは「考える」という部分です。

植物の形は、植物の種類を見分けるための基準として使われます。例えば、中学校の理科の教科書を見ると、ハルジョオンとヒメジョオンの見分け方が載っています。どちらも小さなキクのような、よく似た草ですが、ハルジョオンの茎は中空でつぼみが下を向き、ヒメジョオンの茎は中が詰まっていてつぼみが上を向きます。皆さんはそれを聞いて、どのような印象をもつでしょうか。

「へえ、面白いな」と思った人は、おそらくもともと植物が好きなのでしょうから、興味の赴くままに植物の世界の探索を続けてもらえればと思います。そして、この本を読めば、それらの植物の見た目の違いには、生物の生き方の違いが反映されていることがわかって、さらに植物が好きになるのではと期待しています。

次に、「ハルジョオンとヒメジョオンの区別がついたからといって、いったい何の役に立つんだ？」と思った人。残念ながら、この本でも、人様の役に立つ話はほとんど出てきません。世のため人のために役立とうという精神は貴重ですし、医学や工学といった技術の基盤をなすものですが、この本で紹介するのは、むしろ興味と知的好奇心に基づいた科学の世界です。この本を読んだあとに、役に立つことだけがすべてではないのかも、と思ってもらえるとよいのですが。

最後に、「意味もわからずに形の違いだけ教わって何が面白いんだ？　むしろ、なぜ同じような草なのに、片方は中空の茎でもう片方は中が詰まっているのか、その理由を教えてほしいもんだ」と思った人。このような考え方をする人がどの程度いるのかは知りませんが、筆者自身はこのタイプでした。そして、この本は、そのような考え方をする人に向けて書いた本です。植物の形はさまざまですが、多くの場合、その背後には、そのような形をとっている、深い意味があるのです。植物の形の背後にある意味を考えてみるのがこの本の狙いです。

植物の形には意味がある　もくじ

本書に記載されている会社名、製品名などは、一般にそれぞれ各社の商標、登録商標です。

第1章

葉はなぜ平たいのか

1　さまざまな葉の形

一口に植物といっても、世の中には多種多様なものがあります。木でも草でもよいのですが、そのなかから好きなものを片端から思い浮かべて、それぞれの葉の形を一言で表してみてください。どのような言葉があがってくるでしょうか。

❖1

「楕円形の」「薄い」「先のとがった」「平べったい」「丸い」「細かく裂けた」「細長い」「ギザギザのある」「厚ぼったい」「針のような」「手のひらのような」……。それこそさまざまな形容があるでしょう（図1・1）。

では次に、それらの言葉を2つのグループに分けるとしたら、どのように分けられる

図１・１　さまざまな形の葉

でしょうか。もちろん、言葉を２つのグループに分けるやり方はいろいろあるので、何が正解、ということはありません。自由に考えてみてください。

❖

今、問題となっているのは「形」ですから、二次元的（平面的）な形容と、三次元的な（厚み方向の）形容に分けることはできそうです。

1　この❖は、できたらここで立ち止まって考えてほしい、という合図です。「はじめに」にも書きましたが、植物の形の背後にある意味を考えてみるのがこの本の狙いですから、読者の皆さんにも、考えながら読み進めていただくことを期待しています。

つまり、先ほど挙げた例であれば、「楕円形の」「先のとがった」「丸い」「細かく裂けた」「細長い」「ギザギザのある」「針のような」「手のひらのような」は平面の形の形容で、「薄い」「平べったい」「厚ぼったい」は厚み方向の形容です。

こうして見ると、平面的な形容のほうは数も多くてバラエティーに富んでいるのに対して、厚み方向の形容は、きわめて限定されている感じです。しかも、「薄い」と「厚ぼったい」という正反対の言葉が入っているのが気になります。

しかし、考えてみると、誰も「サイコロが厚ぼったい」とは言いません。[2]「厚ぼったい」も「薄い」も、平たい物質の形容であって、その形の本質は「平たい」ことにあるわけです。平たいもののなかには、平均的なものより厚めなもの、薄めなものがあって、その程度の差が形容の差を生み出しているのでしょう。つまり、植物の葉の、三次元的な厚み方向の形の本質は「平たい」というひとつの共通の概念にまとめることができます。

と言ったとたん、ネギの葉はどうなんだ、という突っ込みが入りました。たしかに長ネギの葉は丸くなっています。これはどう考えたらよいのでしょうか。

❖

八百屋さんから長ネギを買ってきてよく観察すると、[3] 白い部分は何層にもなっていて中まで詰まっているので、実際の立体的な形は円柱です。しかし、緑色の部分はほぼ一層で、中は空っぽですから、実際の形は円筒形です。葉としての役割を果たす緑色の部分は、外側一層しかなくて、丸く湾曲しているものの、ネギも平たいといえるでしょう。やはり、三次元的な形は「平たい」という一言に集約できそうです。

一方で、葉の形の、二次元的、平面的な形容は本当に多種多様です。三次元的な形は「平たい」という共通性、普遍性を示すのに対して、二次元的な形は、植物によって異なり、多様性を示すことがわかります。

この「普遍性」と「多様性」には、生き物の研究をしていると、なにかにつけてぶつかります。生物学とは違って、数学や物理学、それに化学の一部は、普遍性の学問です。

2　もしかしたら、「分厚いサイコロステーキ」という表現はあるかもしれませんが、それはステーキからの連想が働いているせいでしょう。

3　観察は科学の基本です。そして、なにも最先端の機器を使って観察するだけが能ではありません。八百屋さんの野菜からも、見る人が見れば興味深い情報を引き出すことができます。

1＋1は誰にとっても2ですし、鉄がたまに金の性質を示す、というようなことはありません。鉄は鉄、金は金です。酸素と水素が反応してできるのは水であって、たまには水ではなくて油ができてもよいだろう、などといったら化学者に怒られます。

しかし、生き物を扱っていると、そのように単純には物事が進みません。植物の葉は常に緑色であるといいたいところですが、モミジは秋になると紅葉しますし、園芸店に行けばいくらでも白や黄色の斑《ふ》入りの葉、あるいは紫色が鮮やかな葉を見つけることができます。植物は光合成で生きています、といった途端に、ナンバンギセルなどの寄生植物は違うだろうという突っ込みが入ります。植物の多くが緑色の葉をもって光合成をしているのは事実であって、それは植物の本質的な生き方を反映しているのですが、その本質にさえ、例外はあります。[4] ましてや、葉の平面的な形は、植物の種類ごとに違う、多様性の宝庫なのです。

まさにその点にこそ、植物の葉の三次元的な形の普遍性と、二次元的な形の多様性が、それぞれ何を意味しているのかを考えるヒントがあります。

普遍性をもつ性質は、多くの植物がそうでなくてはならない結果でしょうから、何らかの本質的な機能的制約の結果だと考えられます。つまり、葉のもっている本質的な機能が、何らかの理由で葉の形を決めていると考えるわけです。

一方で、多様性は、ある意味で、違うことが許されている性質と考えることができるでしょう。その違いの原因としては、それぞれの生物が違った環境で生きている点がひとつ挙げられます。また、同じ環境に生きていても、祖先が異なるので違っている場合もあるかもしれません。多様性を示す性質は、そのような生物と環境の相互作用や生物の進化的背景を反映しているはずです。

そこで、手始めとして普遍性のほうに注目して、「葉が平たいのはなぜか」について考えてみることにしましょう。そこにはきっと、葉の本質的な機能が隠れているはずです。ただその前に、この疑問に含まれている「なぜ」という言葉の意味を考えておきたいと思います。

4　「例外のない規則はない」といわれますが、これも規則をつくるのが人間という生物であることを反映しているのかもしれません。

2　2つの「なぜ」

「葉が平たいのはなぜか」という質問は、明快であるように思えますが、じつは必ずしもその質問の意図をひとつに絞ることができません。同じような質問で、「積木が四角いのはなぜか」を考えてみましょう（図1・2）。皆さんはなんと答えるでしょうか？

❖

筆者が大学の講義でこの質問を学生にすると、[5]10人中8人ぐらいは、「積みやすいから」と答えます。たしかにボール状だったら積木になりませんから、もっともな答えです。しかし、たまに「のこぎりで切ったから」といった答えをする学生がいます。[6]これはこれで立派な答えです。

図１・２　積み木はなぜ四角いか

「積みやすいから」という答えは、「積木を四角くつくるのには、どのような目的があるのか」という質問に対するものです。それに対して「のこぎりで切ったから」という答えは、「積木が四角くなるのは、どのような仕組みによるのか」という質問に対するものです。つまり、「なぜか」という質問には、「目的」を聞く場合と、「仕組み」を聞く場合の２通りがあることになります。

5　質問をせずにただしゃべりつづけると学生の目がとろーんとしてくるのですが、ときどき質問すると、集中力が保てるようです。

6　このような、他の大勢とは異なる考え方をする学生は、将来研究者になれるかもしれません。そう言われて喜ぶかどうかは人によりますが。

この「目的あるいは利点」と「仕組み」を区別することは、それによって答えがまったく違ってしまうことを考えると、非常に重要です。この本では、主に「目的」を中心に考えていきたいと思います。人によっては「人間ではない生物、しかもよりにもよって植物の目的を考えるとはけしからん」というかもしれません。たしかに目的といっても、植物が「そうだ。これこれのためには葉は平たいほうが有利だから葉を薄くしよう」と考えて自分の葉を平たくするわけではありません。しかし、もし葉を平たくしたほうが生存に有利なのであれば、そのような葉をもつ植物はより多く子孫を残し、結果として生き残るのは平たい葉をもつ植物になるはずです。そのような進化の過程を踏まえたうえで「葉を平たくする目的」を考えることは、生物の進化を理解するためのひとつの方法だと思います。

そこで、この章のタイトル「葉はなぜ平たいのか」という質問を、「植物の葉が平たい目的は何か」と捉え直して、考えていくことにしましょう。

3　葉の平たい目的

それではあらためて、葉の平たい目的は何でしょうか？　ほとんどの葉が平たいという事実は、そこに葉の本質的な機能が関わっていることを意味しているはずでした。とすれば、まずは、葉の機能を考えることが取っ掛かりになります。では葉の本質的な機能は何でしょうか？

❖

「葉は何のためにあるの？」と聞けば、小学生でも「光合成をするため」と答えるでしょう。[7]正解です。「では光合成に必要なものは何？」と中学生に聞けば、「光と二酸化炭素、水」と答えると思います。これも正解です。光は太陽から来るエネルギー、二酸化炭素は気体、水は液体です。まず光から考えてみましょう。100グラムの粘土を渡されて「これで太陽から来る光を一番たくさん受け取る形をつくってみなさい」と指示されたら、どんな形をつくりますか？

❖

おそらくは10人が10人とも、粘土をべたっとなるべく薄く押し広げるでしょう。平たい形は、同じ物質量で比べたときに、光を一番有効に集めることができる形なのです。

これは、葉と同じように太陽の光を集める必要がある太陽電池を考えてみてもわかります。メガソーラーと呼ばれる太陽光発電所では、広大な敷地を太陽電池のパネルが埋め尽くしています。これが、火力発電所や原子力発電所であれば、狭い敷地に、場合によっては建物を高層化して発電施設を詰め込むことが可能かもしれませんが、太陽光発電所の場合は、光を集めるためにどうしても面積が必要です。そして、一枚一枚の太陽電池パネルを見ても、平たい形になっていて、光を集めるためには広い面積が必要なことがわかります（図1・3）。

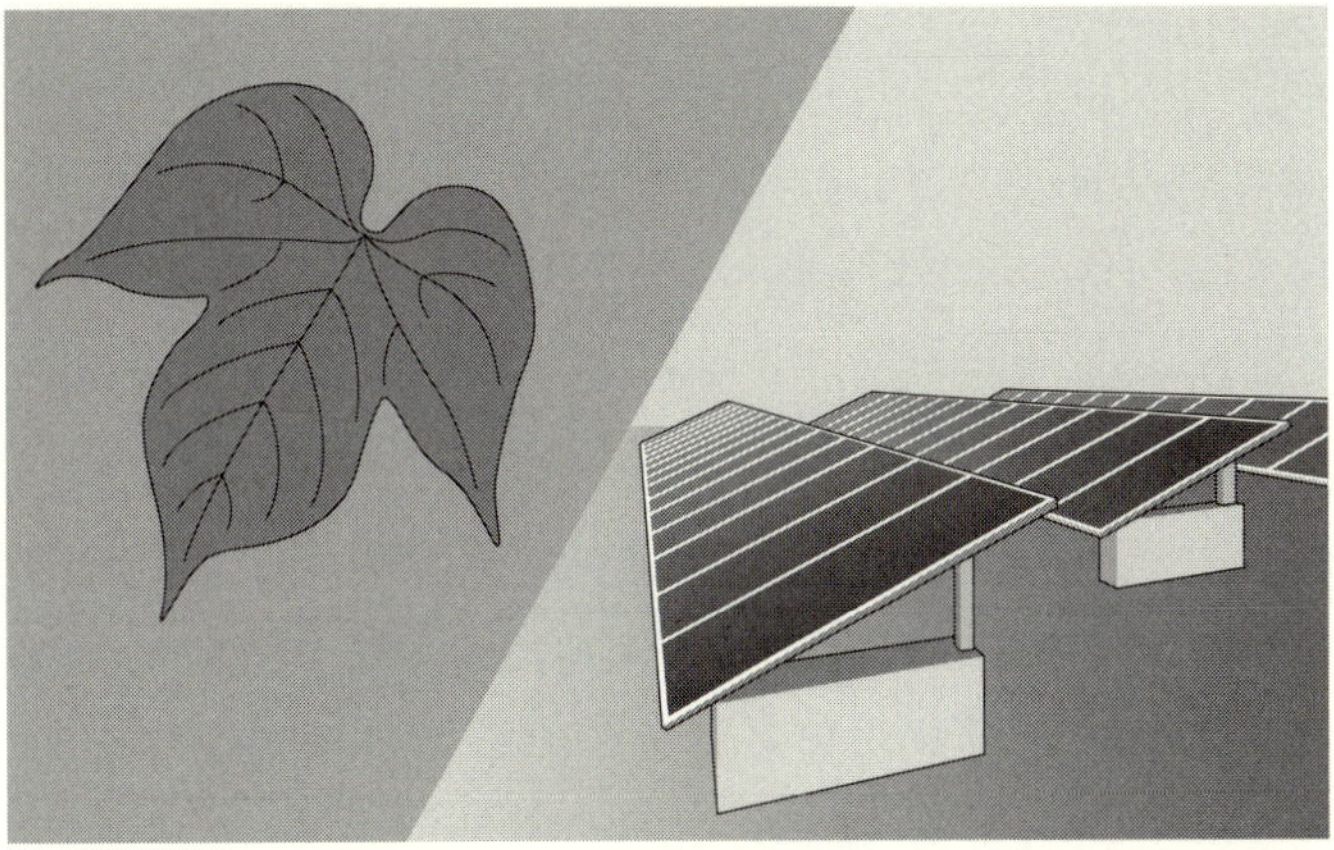

図１・３　葉と太陽電池パネル

では、光を集めるためには、なぜ広い面積が必要なのでしょうか。

❖

これは、なんだか漠然とした質問で、答え方が難しいのですが、ひとつの答えは、「太陽光のエネルギーは薄い」というものです。太陽から地球へは、莫大な量の光エネルギーが降り注いでいて、そのエネルギーが、地球の気象の変化や地球上の生物

7　これには、「くさタイプ」のポケモンの影響があるかもしれませんが、それはそれで結構なことだと思います。

の営みのほとんどを動かす源となっています。しかし、その莫大な量の太陽光も、じつは面積あたりにするとさほどの量ではありません。例えば、人間の体表面積はおおよそ1平方メートルぐらいで、ここに、太陽電池としては一般的な発電効率20パーセントのパネルを貼り付けて覆ったとしても、人間が生きていくのに最低限必要なエネルギーすらまかなえないのです。[8] 光のエネルギーは面積あたりにすると「薄く」、だからこそ、メガソーラーは広大な敷地をもち、葉っぱは平たいわけです。

4　平たくない葉の目的

「薄い光エネルギーを集めるために葉は平たい」というのが前節の結論ですが、世の中に例外のない規則はありません。例えばサボテンの葉は、突き出ているトゲの部分なので、平たいどころか針の形です。では、サボテンのトゲがなぜ、平たくなくてもよい

図１・４　サボテンの葉は平たくない

のかわかりますか？

❖

平たいのは光を集めるためで、光を集めるのは光合成をするためです。サボテンは、トゲで光合成をしているわけではないので、トゲは光を集める必要がなく、したがって平たい必要もないわけです（図１・４）。ですから、前節の結論は、より正確にいえば「薄

8　実際には、発電効率が１００パーセントのパネルを使ったとしても、人間活動のエネルギーをまかなうことはできません。いずれにせよ、効率が１００パーセントということはありえないわけですが。

い光エネルギーを集めるために、光合成をする部分は平たい」ということになります。

ところがそうすると、サボテンの茎が今度は気になります。サボテンは茎の部分が緑色で、そこで光合成をしています。ならば、茎は平たくなければならないはずです。たしかに、ウチワサボテンなどは、茎がある程度平たくなっていますが、タマサボテンと呼ばれる仲間などは、ほぼまん丸の球形をしています。茎で光合成をしているのであれば、その茎は平たくなければならないはずなのに、です。なぜサボテンの茎は平たくないのでしょうか？

❖

この理由を考えるには、もう一度、光合成に必要なものに立ち戻る必要があります。光と二酸化炭素、水です。サボテンの生育場所といえば砂漠と相場が決まっていますから、光合成に必要なこの3つのうちで水が、というより、水がないことが関係しそうだな、と想像がつくでしょう。

光合成に、光と二酸化炭素、水が必要だという場合、3つのうちのどれかが必要なのではなく、３つのすべてが必要です。例えば、二酸化炭素と水が十分にあっても、真っ暗な中では光合成をしませんし、二酸化炭素がない状態では、水があって光が当たっていても、やはり光合成は見られません。これは、どれかが非常に少ない場合も同様で、光が非常に弱いときには、たとえ二酸化炭素と水が十分にあっても、その弱い光の分しか光合成できないのです。

では、砂漠にあって水が非常に限られているときにはどうなるでしょうか。その限られた水の分しか光合成はできませんから、光や二酸化炭素はたくさんあっても使われないことになります。そのような条件では、光を集めることはそれほど重要ではなくなるので、光合成をする部分が平たい必要もなくなるでしょう。これが、サボテンの茎が平たくない理由のひとつです。

逆にいえば、光合成をする部分が平たくない植物を見たら、その植物が生えているのは、どのくらい光合成をできるかが、光以外の要因によって決まるような環境だろうと推定できます。通常、空気中の二酸化炭素濃度はそれほど大きくは変動しませんから、[9]

9　実際には、場所によって地中から高濃度の二酸化炭素が噴き出している場所があります。それでも、くぼ地で無風の理想的な条件でないと、「周りの空気中の二酸化炭素濃度が高い」状態にはならないのが普通です。

多くの場合、水が足りない環境でそのような植物が見られます。とすれば、先ほどのウチワサボテンとタマサボテンの場合を考えると、平たいウチワサボテンのほうがまだしも水がある環境に生えていて、タマサボテンのほうはより過酷な水の少ない環境に生育しているのではないかと推論できます。と、いかにももっともらしく書いていますが、これが本当かどうか筆者も知りません。実際に調べてみるのも面白いかもしれません。

さて、最後にもうひとつ、サボテンの形についての疑問です。タマサボテンが平たくなくてもよい理由はわかりましたが、まん丸でなくてはならない理由は何でしょうか。

❖

これは、2つの面から考えることができます。ひとつは、水の貯蔵です。砂漠では、貴重な水を自分の体の中に溜めておかなくては生きながらえることができません。タマサボテンを英語ではbarrel cactus（つまり樽サボテン）と呼びます。水を溜めるという目的を考えると、ずんぐりとした樽の形は効率がよいのではないかと考えられます。

もうひとつは、水の蒸発の防止です。いくら溜めておいても、水は植物の表面から少しずつ蒸発していきます。植物としては、蒸発による水の無駄はできるだけ少なくしたいところです。蒸発は当然植物の表面から起きるので、水の無駄を避けるためには、体積あたりの表面積が一番小さくなる形をとればよいことになります。というわけで、算数の得意な方はすぐにおわかりのように、答えは球になります。もちろん、植物が算数を使って形を決めているわけではありません。結果的に、周囲の環境に合わせて一番効率的な形をとる植物が生き残ってきた、ということなのでしょう。

第2章

葉の断面の形を考えてみよう

1　葉の表と裏の違い

第1章では、植物の葉の「平たさ」について考えましたが、本章では一転して、よりミクロな視点から、葉の内部の細胞の形や配置を考えてみましょう。中学校1年の理科の教科書を開いてみると、たいてい最初のほうに、葉の断面の顕微鏡写真が載っています。図2・1のような感じです。これを見ると、表面と裏面には、細胞が1層並んでいるのがわかります。これらの細胞には、葉緑体はほとんど見られませんから、葉の細胞といっても光合成はしていないのでしょう。葉の内部を守る表皮としてはたらく細胞です。

その内側に目を移すと、今度は葉緑体をたくさんもった細胞が見られます。しかし、その細胞の形と配置は、葉の表側と裏側で大きく違います。葉の表側には細長い長方形の細胞がびっしり規則正しく並んでいます。一方、葉の裏側には、いびつな、ジャガイ

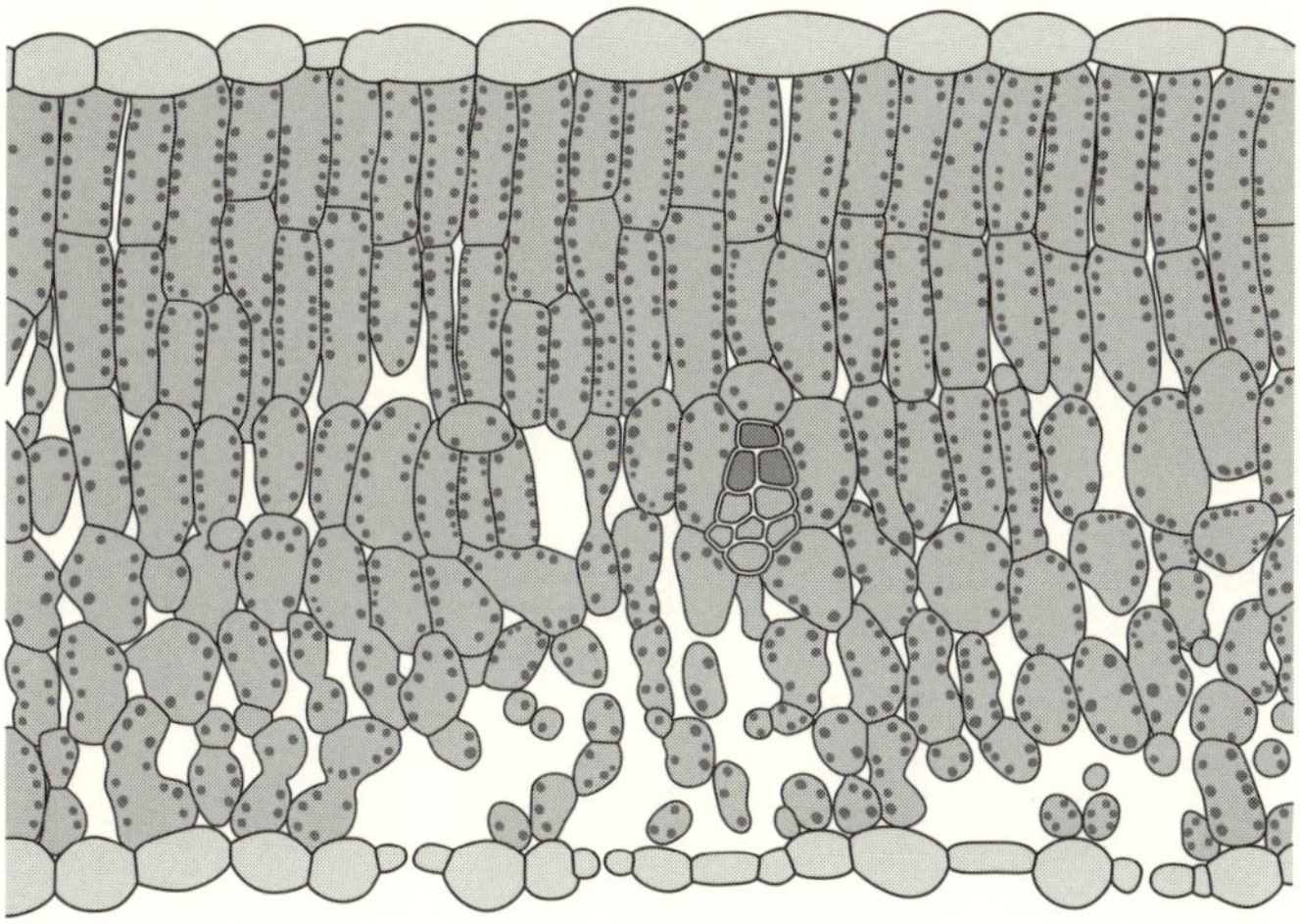

図２・１　葉の断面

モのようだったりヒョウタンのようだったりする、さまざまな形の細胞[10]が、隙間をあけてばらばらと存在しています。

表側の長方形の細胞が並んだ部分は、木の柵《さく》のように見えるので柵状組織と呼ばれています。それに対して、裏側の隙間のあいた部分は、たくさんの穴をもつスポンジに似ているので、海綿状組織といいます。

表裏がはっきりしている葉では、表に柵状組織、裏に海綿状組織という組み合わせがほとんどですから、その普遍性を

10　細胞の形に意味があるのと同様に、ジャガイモやヒョウタンの形にも意味があるのでしょうが、その部分の考察は読者の皆さまにお任せします。

考えると、その形には何か本質的な機能が隠れているはずです。中学校や高校では、「表と裏とで、葉の内部にこのような形の違いがある」とは習うのですが、では「なぜ」そのような違いがあるのかについては教えてくれません。以下では、その理由を考えていくことにします。

2　物の色についてのやや長い寄り道

といいつつ、葉の表と裏の機能を考える前に、まず、色について少し考えておかなくてはなりません。植物の葉を眺めると、たいていの場合、表側の緑色が濃くて、裏側はより白っぽいことに気づきます（図2・2、口絵1）。「表側の色が濃い理由は何だと思いますか」と聞くと、多くの人は「表側に色素のクロロフィルが多いからでしょう」と答えます。ところが、実際にクロロフィルの量を比べてみると、色の差を説明できるほ

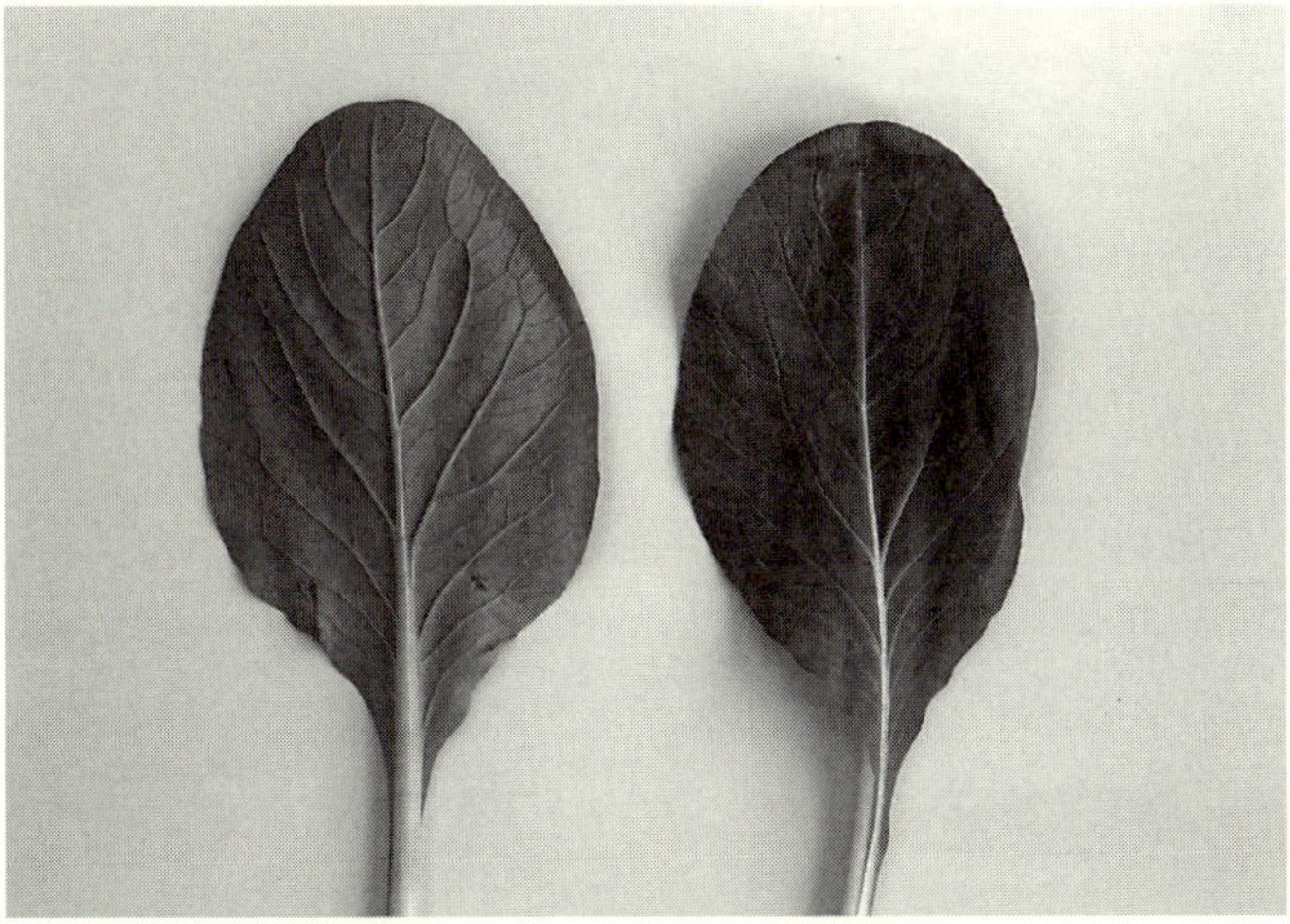

図２・２　コマツナの葉の表（右）と裏

どの差はありません。色素の量が変わらないのに色が違うことがあるのでしょうか？

❖

よく知られているのは「構造色」です。色素の場合は一部の色の光が吸収されることによって、吸収されなかった残りの光の色が見えるのですが、構造色は、物質が特定の形（構造）をとることによって色が見える現象です。これは光の性質に基づくもので、例えば物質の表面に規則正しいくぼみがあると、くぼんでいない面に反射した光と、くぼみに反射した

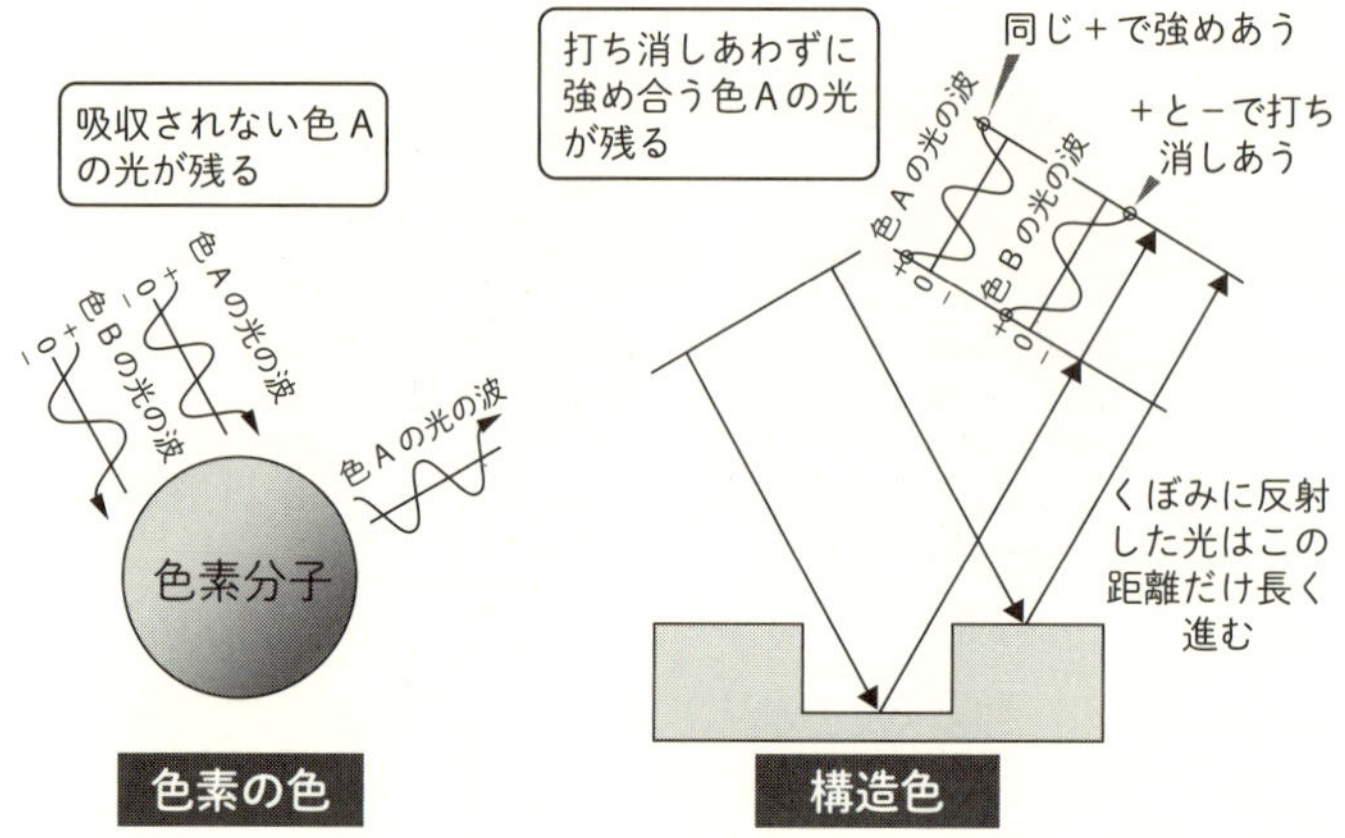

図2・3　色素の色と構造色

光が、波長によって強めあったり打ち消しあったりして色がついて見えます（図2・3）。

自然界でも、昆虫の翅などによく見られます。七色に光輝くタマムシの翅などが有名でしょう。CDやDVDの記録面も七色に輝いて見えますが、これも別に色素があるわけではなく、記録面のミクロな構造が生み出す構造色の一種です。このほか、割れる寸前のシャボン玉のように、透明な液体がごく薄い膜になった場合[11]にも、色がついて見えることがあります。

では、あるものの色が、色素の色なのか、構造色なのか、どのようにしたら見分けられるでしょうか。

❖

答えは、そのものの構造を壊してみることです。構造色は、構造によって色が見えているはずですから、構造が壊れれば色が変わります。ニンジンのオレンジ色は、カロテンという色素の色なので、ニンジンジュースにしてもオレンジ色のままです。一方で、タマムシの翅をごく細かい粉にすると、きれいな色は見えなくなってしまうでしょう。自分でやったことはないのですが……。

ただし、ものを細かい粉にすると別の変化が見られます。例えば、氷砂糖は半透明に見えますが、これを細かい粉にしたシュガーパウダーは真っ白です。透明なガラスに細かいひびが入ると、白くなって向こう側が見えなくなるのも似たような現象です。これも構造が変わると見た目の「色」が変わるという意味では構造色のようですが、厳密な

11　昔は、雨上がりの地面にガソリンの薄い層ができて虹色に輝いていることがよくありました。最近見ないのは、自動車の性能が上がったせいでしょうか。

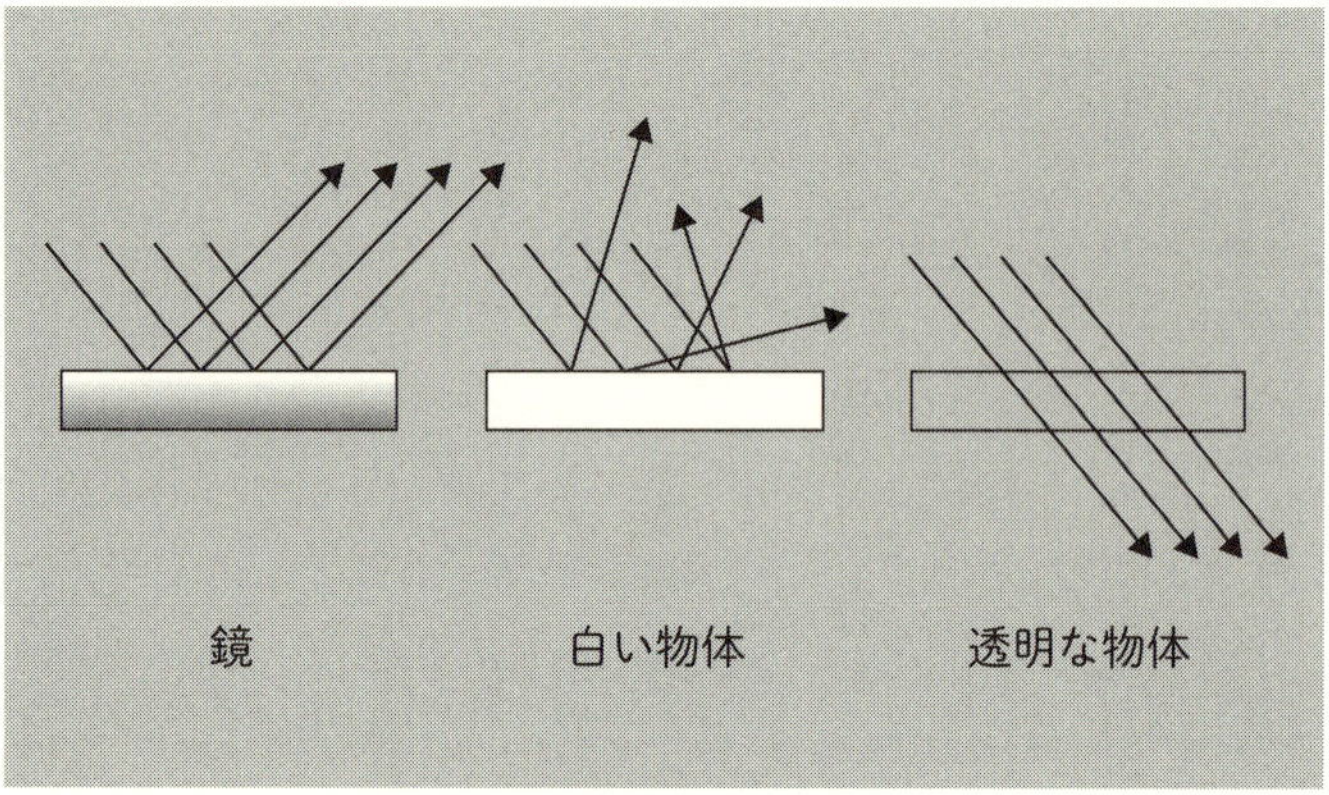

図2・4　鏡、白い物体、透明な物体

意味での色の変化ではありません。

普通、色とは、白い光に含まれる虹の七色のなかで、特定の色の光が吸収されるなどして、残った光の色だけが見える現象を指します。ところが、透明なものと白いもの、さらには鏡も、見かけはまったく異なりますが、いずれの場合も入ってきた光がほとんど吸収されません。

入ってきた光が、そのまま向こう側に通り抜けるものは透明に見えます。入射した光が、元の側に整然と反射される場合には鏡になります。そして入射光が、いろいろな方向にばらばらに反射されるものは白く見えます(図2・4)。ですから白い色素というものは存在しません。[12]

透明で、光が吸収されないとしても、物の表面では光が曲がります。屈折という現象です。

光に対する振舞い方が違う2つの物質（つまり屈折率の違う2つの物質）、例えばガラスと空気の界面では、光の進む方向が変わります。この場合、ガラス板のように表面が平らであれば、向こう側が見えることに変わりはありません。しかし、同じガラスでも、たくさんのひび割れができたり、細かい粉になったりすると、そのひび割れや粉の表面のひとつひとつで光が曲げられますから、向こう側にまっすぐに通り抜けずに、ばらばらに反射されて、一部の光が元の側に戻っていき、結果として白く見えることになります。つまり、表面積が大きくて、しかもその表面がさまざまな方向を向いていると、光がばらばらに乱反射されて、ものは白く見えるわけです。じつは、これが葉の裏が白っぽく見える原因です。[13] 次の節で、細胞の形がどのように葉の色を変えているかを見てみましょう。

12　「ならば、白い絵の具の中に入っているのは何だ」と思うかもしれませんが、それは、透明な（つまり特定の色を吸収しない）物質の細かい粉なのです。

13　ようやくここで本題に戻ってきました。この本では、この手の長い寄り道が何度もありますので、覚悟しておいてください。

3　葉緑体に光を届けるために

2・1節で見たように、葉の裏側の海綿状組織では、さまざまな形の細胞が、隙間をあけてばらばらと存在しています。その細胞の間には空気があります。中学校や高校では、ヒトを中心に生物を習うことが多いので、細胞は組織液（体液）に浸されていると思っている人が多いかもしれません。しかし、植物の葉の細胞を取り囲んでいるのは、基本的に空気なのです。

細胞の周りは空気なのに対して、細胞内部の主成分は水ですから、当然ながら光はその界面で屈折して曲がります。小さな細胞のひとつひとつの表面で光の屈折が起これば、これはまさに細かい粉で起こることと同じです。細胞という小さな粒が、隙間をあけてばらばらにたくさん存在していれば、光は乱反射されて元来た方向へと戻されます。でも、せっかく葉に入ってきた光を反射してしまったら損になる気がします。しかし、こ

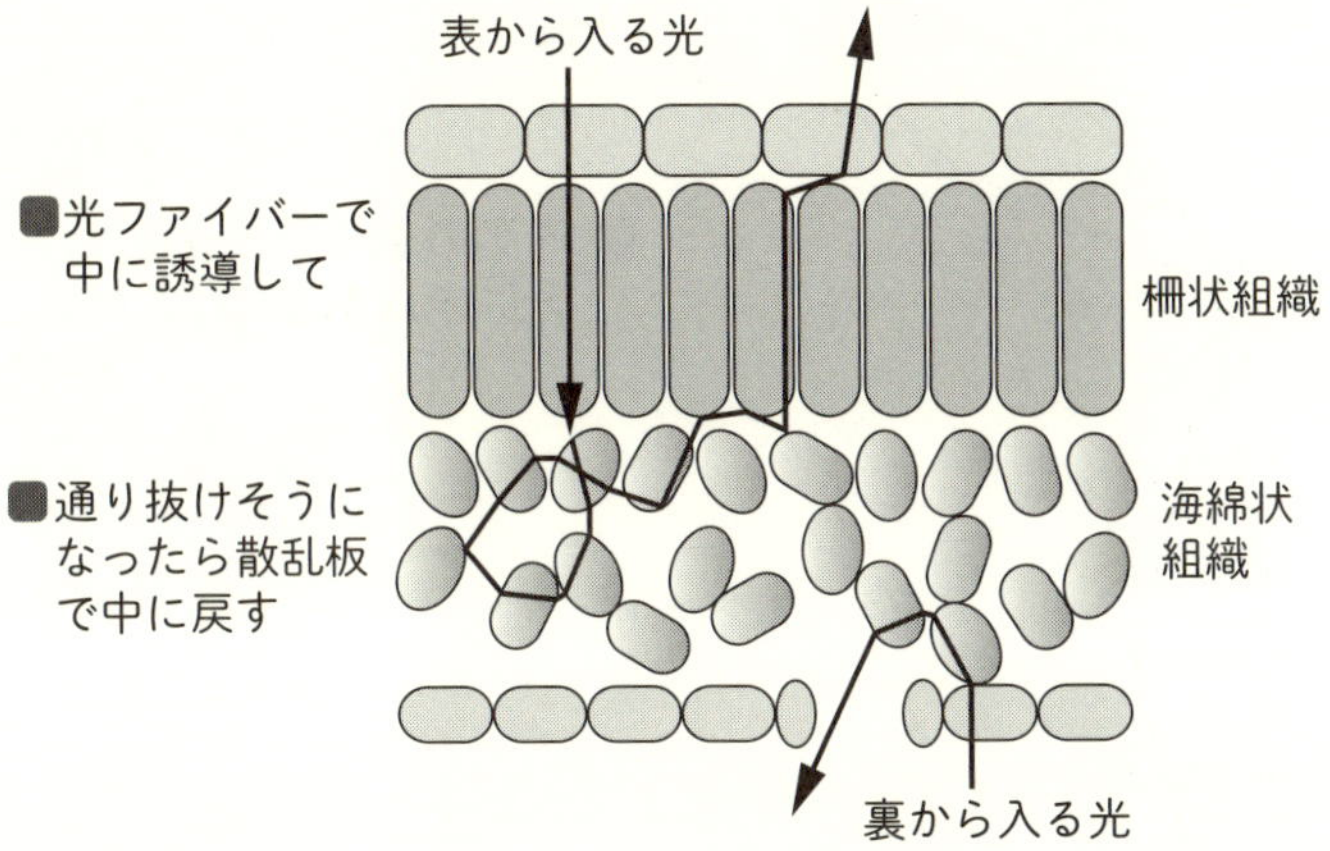

図2・5　葉の断面の模式図

れはあくまで葉の裏側の話ですから、太陽からの光が最初に届く表側がどうなっているのかを考えてみる必要があります。

葉の表側の柵状組織では、長方形の細胞がびっしり規則正しく並んでいるのでした（図2・5）。断面は長方形に見えますが、実際には奥行きがあって、細胞は円柱の形をしています。光が円柱状の物質に入ると、どのように進むでしょうか。それは光ファイバーを考えてみればわかります。

光ファイバーに光が入ると、ファイバーに沿って奥へと誘導されます。光ファイバーも周囲の空気よりは屈折率が高いので、界面では屈折が起きますが、

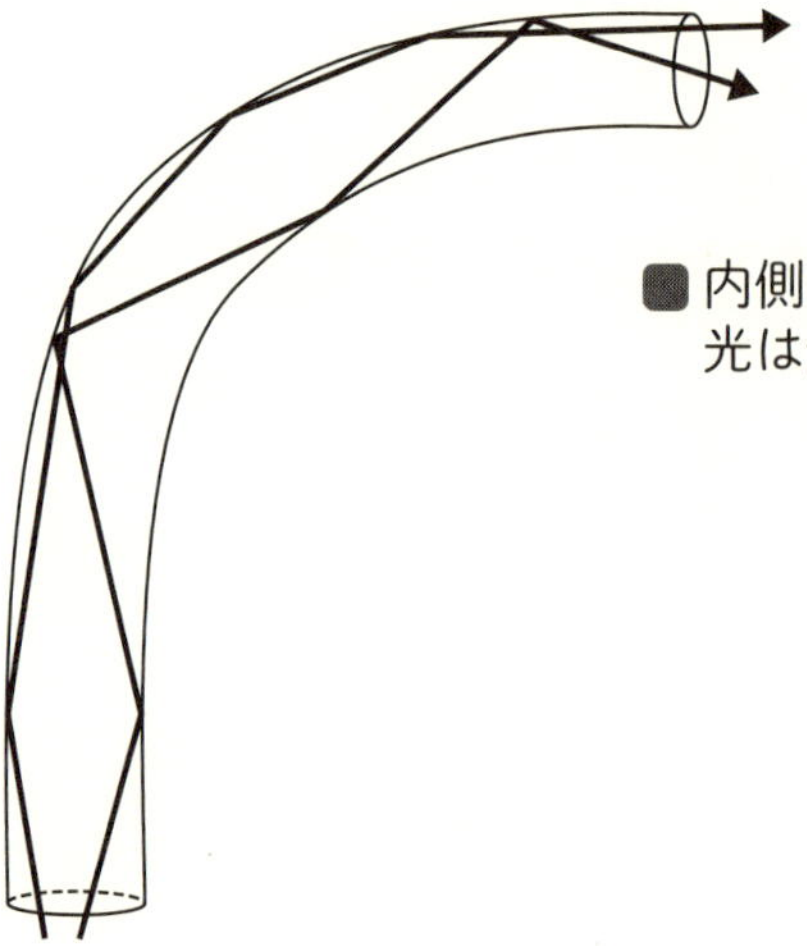

図２・６　光ファイバーの中の光

その際、屈折率の高い内側から光が斜めに界面に入った場合には、全反射して内側に戻される現象が見られます[14]（図２・６）。それにより、たとえ光ファイバーが多少曲がっていても、光はファイバーに沿って進むのです。これが、光ファイバーが光を通す原理です。柵状組織の細胞でも同じで、いったん細胞内に入った光は、そのまま細長い細胞に沿って葉の奥へと誘われます。

ここで、もし、葉の裏側まで柵状組織が続いていたら、光はそのまま葉の裏側へと通り抜けてしまうでしょう。そこで、海綿状組織の出番です。裏側の海綿状組織は、先ほど述べたように、光を乱反射して、もと来た方向へと戻します。結果的に、裏へ通り抜けそうになった光はまた内側に戻されて、さらに葉の中を進むことになります。

このような構造をとることによって、例えば厚さが1ミリメートルの葉でも、光は葉の内部を反射しながら進み、その光が進む道のり、すなわち光路の長さは、場合によっては葉の厚みの数倍にも達します。その光路の途中には葉緑体があるわけですから、長い距離を進めば、それだけ何度も葉緑体と遭遇して、光は葉緑体に吸収されて光合成に利用されます。つまり、葉の中の細胞の形と配置は、光合成の効率を上げるための植物の工夫だと考えることができます。

❖

では、光が葉の裏側から入った場合はどうなると思いますか？

14　実際には、界面というよりは、ファイバーの中心部と周辺部で屈折率の違う物質を使って全反射させています。

光は入るなり裏側の海綿状組織によってすぐに反射されてしまいますから、葉緑体と遭遇する機会はむしろ減って、光合成に使われにくくなります。だからこそ、裏から見ると葉は白っぽいわけです。

ですから、葉の裏側にも光がよく当たる場合には、海綿状組織をもっていると、かえって不都合です。イネ科の草には、茎から葉を斜め上に出していて、葉に表からも裏からも光が当たるものが多く見られます。そのような植物では、表に柵状組織、裏に海綿状組織という明確な区別は見られません。そのことも、葉の中の細胞の形と配置が、光を効率的に使うための工夫であることを示しています。

以上のような議論は、理屈としては成り立つとしても、「本当に細胞の形と屈折率の違いが役に立っているのか」と眉につばをつけた人もいるかもしれません。[15]じつは、これを簡単に実験で証明することができます。水が主成分の細胞と空気に満たされた隙間の間の屈折率の違いが光の進路を決めているのであれば、その違いをなくせば、光の進路も変わるはずです。つまり、葉の中の、細胞と細胞の隙間に水を入れてやることができれば、屈折がなくなって葉の見かけががらりと変わると考えられます。

葉を水の入った試験管の中に沈めて、ポンプで上部の空気を抜くと、周囲の圧力が減るので、葉の細胞の間の空気が泡としてぽこぽこ出てきます。十分に空気を抜いた後、今度は普通の圧力に戻すと、葉の周りは水なので、空気の代わりに水が細胞の隙間に入ります。この状態では、細胞の中に水があって、細胞の隙間も水です。屈折率の違いは、隙間に空気が入っていたときに比べてぐっと小さくなっているはずです。このような手順で水を入れた葉はどのように見えるでしょうか。

❖

実際にやってみると、葉の表と裏とがまるで区別できなくなり、なんとなく見た目に透明感があります（図2・7、口絵2）。葉の隙間に水を入れたからといって色素の量は変わらないはずです。この実験によって、葉の表と裏の色の差が、色素の差ではなく、構造の差によっていることがわかります。

15　人の言ったことを鵜呑みにしない、というのは科学の基本です。筆者の言ったことも例外ではありません。読者の皆さんも、筆者の言葉を常に疑いながら読み進めてください。

図2・7　コマツナの葉に水を入れる

また、少し透明になったことから、光が通りやすくなっていることもわかります。透過した光はもちろん光合成に利用できません。透明に見えるからには、使える光の量は減っているはずです。葉の構造が光合成の効率を上げるのに役立っていることもわかります。

屈折率の違いが葉の見かけを決めていたことが、実験的にも確かめられました。

4　葉緑体に二酸化炭素を届けるために

次に、光とともに光合成に必要な二酸化炭素と細胞の配置の関係について考えてみましょう。多くの植物は、主に葉の裏側に存在する気孔から二酸化炭素を取り込みます。気孔を入ると、そこは海綿状組織の細胞と細胞の間の隙間です。二酸化炭素は、この隙間を通って、それぞれの細胞の近くまで行き、そこから細胞の中へと溶け込みます。

じつは、この隙間が重要であって、もし隙間がなくて細胞がびっしり詰まっていると、二酸化炭素を取り込むことは案外難しいのです。どうしてかというと、それは気体の中と液体の中では分子の振舞い方が異なるからです。

気体や液体の中の分子は、分子がバラバラな方向に運動する拡散によって広がっていきます。温度が同じであれば、一個一個の分子の運動の速度自体は気体でも液体でも変わらないのですが、液体は気体よりも分子が「混みあっている」ので、液体の中の分子

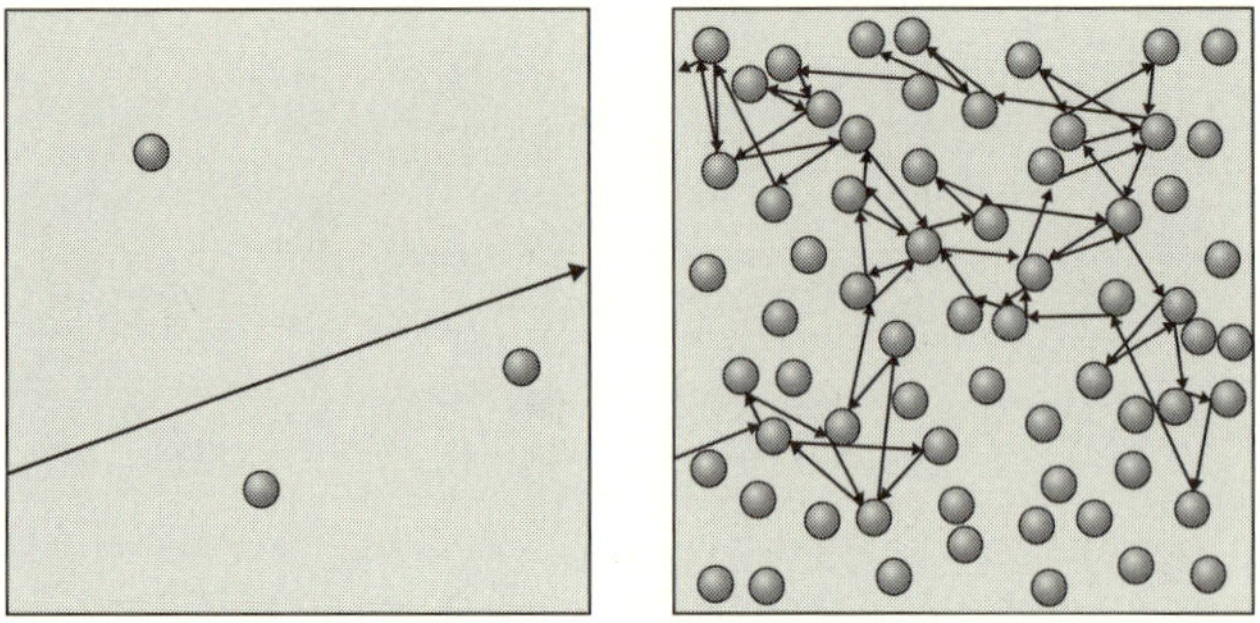
■気体の中は動きやすい
■分子が混みあっていると進まない
図2・8　気体と液体の中での分子の動き

はすぐに他の分子と衝突してしまい、短時間に移動方向がくるくる変わります(図2・8)。結果として、ある面積を通して一定時間に拡散によって運ばれる物質の量は、気体の場合のほうが液体の場合の1万倍にもなるのです。

細胞の中は液体が詰まっていますから、最後に細胞に入った後はどうしようもありませんが、細胞と細胞の間であれば、気体を通して二酸化炭素をより速く運ぶことができます。ですから、細胞と細胞の隙間が空気で満たされていることは、前節で説明した光の有効活用のみならず、二酸化炭素の有効活用にもなっているのです。

そうすると心配なのが、柵状組織への二酸化炭素の輸送です。葉の裏側の海綿状組織は、細胞と細胞の間にたっぷりと空間があるので、二酸化炭素はそこを通っていけばよいでしょう。けれども、柵状組織では、顕微鏡写真を見ても細胞同士がぴったりくっついているように見えます。縦に細長い細胞の液体の中を、気体の1万分の1の速度で運ばなければならないとすると、とても効率的な光合成ができるとは思えません。植物の葉は、この問題をどうやって解決しているのでしょうか？

❖

じつは、これは、葉を縦に切って細胞の形を観察したことによる誤解で、葉の面に平行に葉を切ると、文字通り違う側面が見えてきます。[16] 柵状組織の細胞は円柱状で、その断面は当然丸みを帯びた形になります（図２・９）。丸でもって平面を埋めようとすると、当然丸と丸との間に隙間ができます。この隙間を立体的に考えれば、海綿状組織の細胞の隙間から葉の表側に向かって伸びる空気の通路になっているわけです。この通路

16　実際の物体は三次元なのに、写真は二次元なので、このようなことはよく起こります。二次元の写真で、周囲がすべて空気に見える細胞も、宙に浮いているわけではなく、三次元的に見れば別の細胞と接しています。

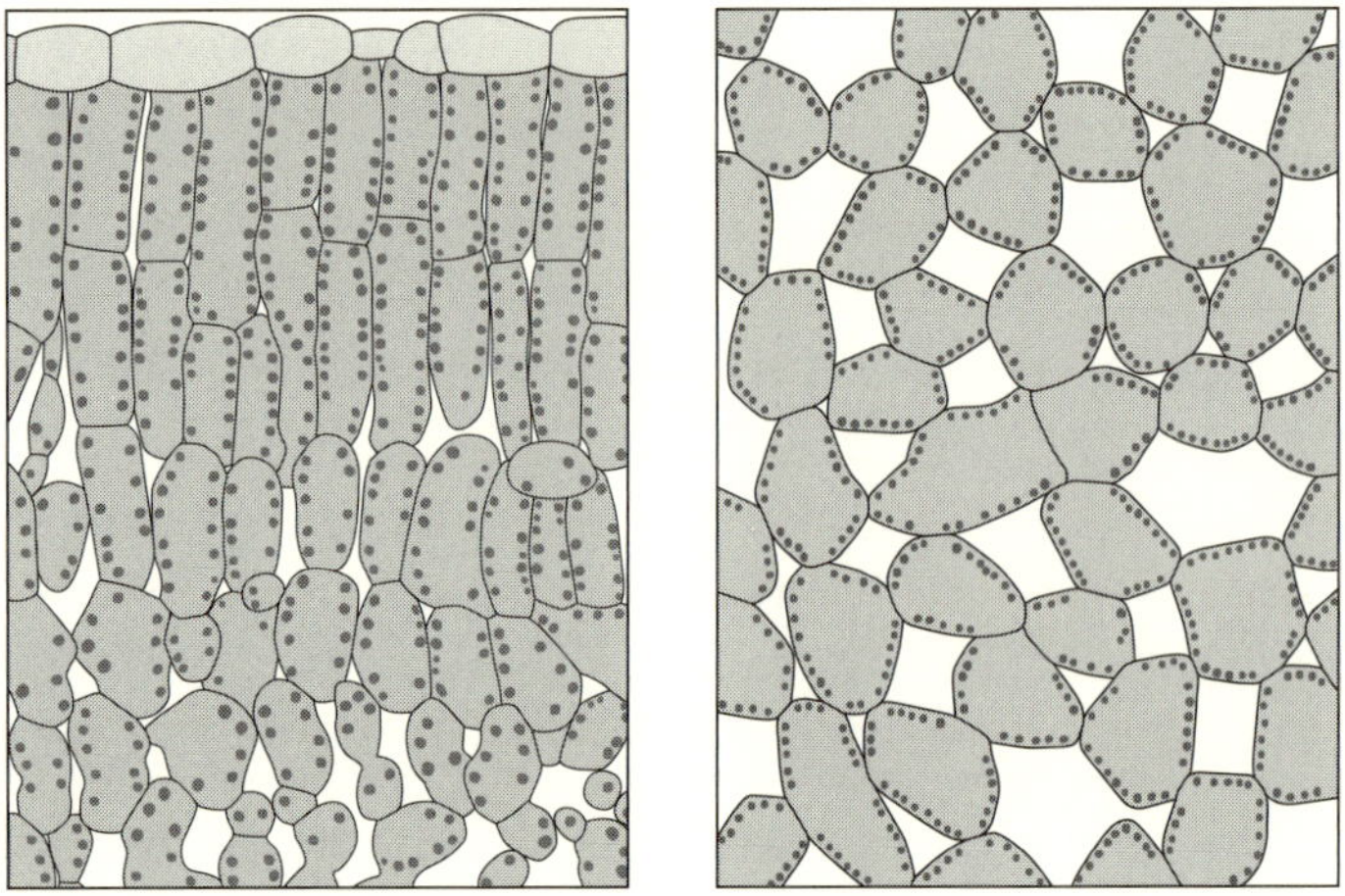

図２・９　葉を縦に切ったときの断面（左）と葉の面と平行に切ったときの断面

を通って葉の表側近くまで行き、そこで細胞の中に入れば、水分子で混みあった細長い細胞の中をえっちらおっちら通る必要はなくなります。

さて、この説明に対しても「理論的にはもっともらしいけれど、二酸化炭素が本当にこの通路を通っている証拠はあるのか」と疑いの目を向けた人がいるかと思います。これについては、証拠といえるかどうかはわかりませんが、細胞の中の葉緑体の位置を観察すると、二酸化炭素の通る道筋が見えてきます。

高校の教科書などで植物細胞の模式図を見ると、たいてい細胞にまんべんなく葉緑体が散らばっています。しかし、実際に植物の細胞を観察すると、葉緑体は必ず外側の細胞膜にこびりつくように存在しています。これは先に考えたように、水の中の拡散は効率が悪いので、細胞の中を、二酸化炭素が長い距離を移動しなくてすむように、細胞の外側から一番近い位置、つまり細胞膜のそばに葉緑体を配置しているのだ、と考えれば説明がつきます。

さらに先ほどの葉の面に平行に葉を切った断面をよく見ると、円形に見える細胞の円周に当たる細胞膜に、葉緑体が均等に見られるわけではありません。円周のうちで、他の細胞と接している部分には葉緑体が見られず、空気の通路に面しているところだけに葉緑体が見られます。このことは、葉緑体が必要とする二酸化炭素が、細胞の間の通路から供給されていることを反映しているに違いありません。

柵状組織の細胞の形が円柱ではなくて角柱だったら、もっとコンパクトに詰め込むことができて、葉の面積を有効利用できそうだな、と考えた人もいるかもしれませんが、じつは断面の形を円にしておくことが、光の有効利用のうえでも、二酸化炭素の通り道を確保するうえでも、きわめて重要なのです[17]。

17　無駄に見える部分でも実際にはなくてはならない存在であることはよくあります。効率を優先した結果、かえって問題が生じることは、実社会でもよくありますよね。

第3章

葉の厚みの多様性を考える

極端な環境の葉を考えてみよう

さて、再びマクロな葉の形に話を戻します。葉の形のうち、「平たい」という普遍的な特徴は、光合成のための光を獲得するという本質的な機能的制約の結果でした。一方で、葉の形の多様性は、それぞれの生物が異なった環境で生きていることを反映しているのでした。では、どのような環境でどのような葉の形になるのか、その環境と形の相互作用を調べるにはどうしたらよいでしょうか。

❖

同じ場所であっても、異なる形の葉をつけた植物が共存していることはよくあります。植物の葉の形と、その植物が生えている環境をしらみつぶしに調べて回っても、その間

図３・１　暗いところではモヤシになる

の関係性について明確な答えを得ることはなかなか難しそうです。そのような場合、少なくとも最初は、極端に違う環境に生えている植物同士を比べることがひとつの手段です。環境が極端に違えば、葉の形も大きく変わるでしょうから、環境が葉の形に与える影響を考えやすいだろう、というわけです。

植物にとっておそらく最も極端な環境として、暗闇があります。光合成で生きる植物にとって真っ暗な環境は、長い間は生きていけない環境です。真っ暗な中で芽生えた植物はモヤシになります。そして、モヤシは、普通の明るい環境で育った植物とまるで形が異なります（図

3・1)。その特徴は主に4つ。[18] (1)緑色にならないこと、(2)葉が開かないこと、(3)ひょろひょろと細長いこと、そして、(4)茎の先端が上ではなく、下を向いていることです。ではこの4つの特徴は、暗闇という環境とどのような関係をもっていると思いますか？

❖

暗いところでは光合成はできませんから、クロロフィルを合成しても無駄になるだけです。緑色にならない理由はこれでしょうし、葉が開かない理由も同じだと考えます。次に、ひょろひょろ細長いことも光合成と関連していると考えられます。植物の種子が発芽して周囲が暗い場合、その種子はどのような環境に存在していると考えるでしょうか。そのような場合、植物の身になって考えるのが重要です。そのような考え方を擬人的だといって嫌う研究者もいますが、別にこの本は専門書ではないので、思う存分想像力を働かせてください。自分が種子だとして、今、芽を出したら周囲は真っ暗です。では、自分はどこにいるのでしょうか？

今は夜だという可能性もありますが、何時間たっても明るくなる兆しが見られません。としたら、土の中に深く埋まっているというのがありそうな可能性でしょう。そのときに植物の身として、どのようにしたらよいでしょうか？

❖

種子の中に溜めてある、親からもらった栄養がなくならないうちに、光合成ができるようになる必要があります。そのためには、早く明るい地上に頭を出さなくてはなりません。そしてそのためには、ひょろひょろでもよいので、なるべく急いで背を伸ばす必要があります。これが、モヤシが細長い理由でしょう。

❖

18　モヤシのこの４つの特徴をパッと答えられる人はかなりの観察力の持ち主です。普段、モヤシをよく食べる人でも、案外、口に放り込むのに忙しくて、じっくり見ていないものです。

もっとも、これに関しては、もうひとつ要因が考えられます。土の中では風に吹かれて倒れる心配がないので、ひょろひょろでもよい、という考え方です。さらに茎の先端を下に向けているのも、土の中で土を押し上げながら茎を伸ばしていく際に、茎の先端の成長する部分を傷つけないようにする[19]ためと解釈できます。つまり植物にとっては、「暗闇」＝「土の中」ということなのです。ただ、そもそも葉が開きもしないとすると、葉の形との関係をモヤシで議論するのは難しそうです。ちょっと取り上げた環境が極端すぎたようです。

　では、空気中ではなく、水中で葉を開く植物はどうでしょうか。いわゆる水草です。周囲が空気か水か、というのはとても大きな変化ですから、これも、かなり極端な環境に思えます。しかも、普通の植物と水草を比較したのでは、形が違ったとしても、それが環境の違いに起因するのか、それとも植物の種類の差によるものなのか、よくわかりません。そのような問題を避けるためには、同じ植物で、空中でも水中でも葉を伸ばすものがあれば好都合です。実際にそのような植物、いわば水陸両用の植物が存在していて、環境に応じて異なる形の葉（異形葉といいます）をつけることが知られています。まさにここで取り上げている問題にぴったりの植物です。そこで、その異形葉を使って、次節では葉の厚みの多様性の原因を考えてみましょう。

2　光の明るさと葉の厚み

もともとは水田の雑草であったキクモは、オオバコ科の植物で、アクアリウムで観賞用としても利用される水草です。水槽で栽培すると、羽毛のような葉がきれいなのですが、水上にも葉を出し、こちらはもう少し厚手の感じです。ミズハコベも、同じように水中にも水上にも葉を出すことができます（図３・２、口絵３）。同様な水陸両用の植物は、水辺で見つけることができますし、水草ショップに行けばさまざまなものが売られています。

19　植物は、茎の先端と根の先端にある成長点と呼ばれる部分で、細胞を分裂させて成長します。基本的に他の部分では成長しないので、成長点はきわめて重要なのです。

↑キクモ
角野康郎博士（神戸大学）
撮影

←ミズハコベ
古賀皓之博士（東京大学）
撮影

図3・2　気中葉（左）と水中葉

水草の異形葉は、水中葉では薄く、気中葉では厚いのが一般的です。まさに、葉の形の多様性と環境との関係を調べるのにうってつけです。ただし、そのためには、環境として、空気中と水中では何が違うのかをまず考えなくてはなりません。空気中と水中の環境の違いをいくつ思いつくでしょうか？

❖

講義中に学生にこの質問をすると、たいてい、水中では光が弱くなる、という答えが最初に返ってきます。その他は、と聞くと、水中では気孔が使えないのではないか、あるいは、水中では浮力が働く、などといった答えが返ってくることもあります。これらの複数の要因を一度に考察するのは難しいので、まずは光の強さに絞って考えてみましょう。

光の強さだけであれば、陸上の植物と比較して考えることが可能です。一本の木でも、てっぺんの葉は直射日光が当たるのに対して、内側の枝についた葉には弱い光しか当たりません。そのような対照的な葉を比較すると、たいてい、明るい環境の葉は厚く、暗い環境の葉は薄くなっています。葉の断面を見ると、明るい環境の葉は、柵状組織が２層にも、３層にもなっていることがあり、それが葉の厚みにも反映されていることがわかります。

葉に入った光は、柵状組織を通る間に葉緑体に徐々に吸収されていくわけですから、最初から弱い光しか入射しないような状況では、一番表側の柵状組織で光が吸収されつくしてしまって、柵状組織が2層、３層になっていたとしても、何の役にも立ちません。柵状組織を1層だけにしておいたほうが余計な資源を使わないだけ得でしょう。一方、光が強ければ、柵状組織を増やしたほうが、その強い光を余すところなく利用できます。

とすれば、暗い環境では葉が薄く、明るい環境では厚いことも納得できます。

ただし、水草の葉の薄さは、陸の植物と比較すると桁違いです。単に柵状組織が1層だけ、という程度ではなく、そもそも葉の細胞の層が全体で2〜3層しかないことが一般的です。とすると、光環境以外にも、葉の厚みを変える環境要因があるのかもしれません。次節では、そのあたりを考えてみます。

3 二酸化炭素の拡散と葉の厚み

葉の本質的な機能は光合成ですから、光以外の要因が効くとしたら、まず怪しいのは二酸化炭素です。そこで、水草がどのようにして二酸化炭素を取り込んでいるかを考えてみましょう。

これが空気中の葉でしたら、第2章4節で見たように、気孔から入った二酸化炭素は、細胞の隙間を通って各細胞にまで届けられます。しかし、水中の場合、葉の外側は水ですから、気孔をもっていても意味がありませんし、実際に、水中の葉には気孔は見られないのが普通です。また、細胞の隙間が空気で満たされているということもありません。とすれば、二酸化炭素は、細胞の間の空気の通路といういわば高速道路を通ることができず、水の詰まった細胞の中をゆっくりと拡散していくしかありません。

ただし、水の中は悪いことばかりではありません。空気中の葉の場合は、細胞の水分が葉の表面からどんどん蒸発して干からびないように、表皮の細胞の外側を厚いワックスの層で覆っています。このクチクラと呼ばれる層があるために、水の蒸発は抑えられますが、一方で、表面から二酸化炭素を取り込むことができなくなっています。気孔は、いわばこの丈夫な壁にあけられた、二酸化炭素を取り込むための穴なのです。[20]

これに対して水中では、水が蒸発で失われる心配はありませんから、葉の表面をクチ

20　二酸化炭素の取り込みと蒸散の関係は次の節でより詳しく説明します。

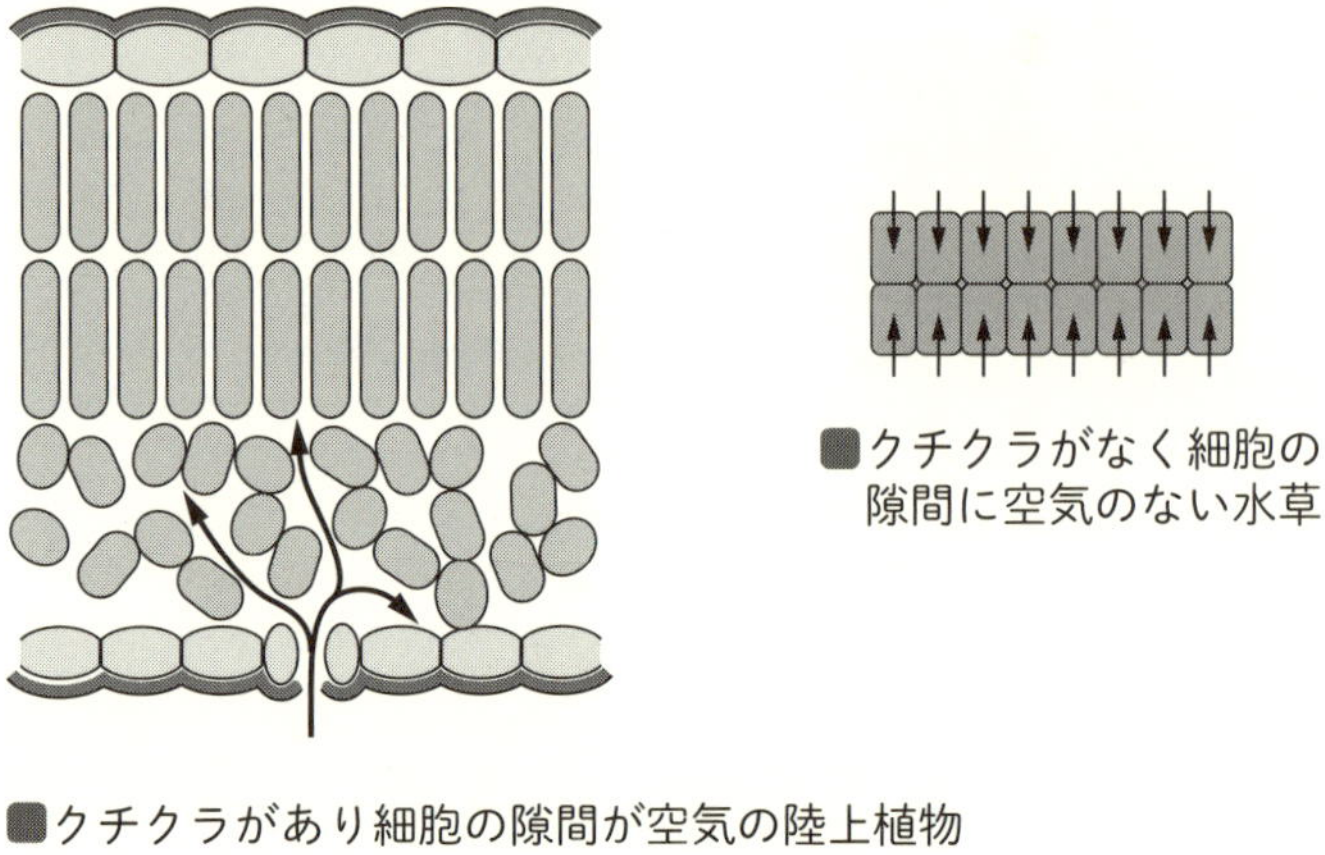

■クチクラがなく細胞の
隙間に空気のない水草
■クチクラがあり細胞の隙間が空気の陸上植物

図3・3　細胞への二酸化炭素の取り込み経路

クラで覆う必要はありません。葉の全表面から二酸化炭素を取り込むことができます。葉の表面の細胞に葉緑体を配置しておけば、気孔がなくても二酸化炭素を葉緑体に届けることができるわけです。しかし、それは、あくまで葉の表面の細胞の場合です。直接葉の表面に面していない内部の細胞の場合は、表面の細胞の水の中をゆっくりと拡散して通る二酸化炭素だけが頼りとなります。

つまり、葉が表と裏の2層までの細胞層でできている場合は、その両方が外界に接していますから、それほど効率を落とさずに二酸化炭素を取り込むことができるのに対して、3層になると、真ん中の内部の細胞層は直接外界には接しませんから、二酸化炭素を取り込むのが急に難しくなります。それでもこの真ん中の細胞には両側から二酸化炭素が来る可能性がありますが、葉の細胞層が4層以上になると、状況はさらに悪化します。水中の葉が薄く、通常2〜3層の細胞層からできているのには、二酸化炭素を水中の拡散によって葉緑体に届けなくてはならないという点が、大きな理由として考えられます（図3・3）。

では、光の要因と二酸化炭素の要因のどちらが大きく効いているのでしょうか。もう一度葉の構造を考えてみましょう。水草の葉は、空気を含んだ海綿状組織の散乱板が存在しませんから、光を葉の内部で反射させて有効利用することができません。表から入ってきた光は、葉緑体に吸収されなかった場合、裏へとそのまま抜けてしまいます。実際に水草の葉を眺めてみると、なんとなく半透明な感じで、陸上植物の葉と比べて光の透過性が高いことが確認できます。とすると、水の中であるために光が弱いとしても、それだけが原因であれば、細胞層が2〜3層になるまで葉を薄くする必然性はないように思います。おそらく、主には、二酸化炭素の拡散の問題のほうが効いているのでしょう。

興味深いことに、滝のそばなど常に水しぶきがかかるような環境に生えるシダの仲間には、葉の細胞層がきわめて薄いものが見つかっています。これは、水滴が気孔をふさいでしまうような環境では、水草と同じように、気孔ではなく、葉の表面全体から二酸化炭素を取り入れていると考えるとつじつまが合います。陸上植物の場合、普通ならば、クチクラによって二酸化炭素の取り込みが妨げられるはずですが、常にしぶきがかかるような環境では、細胞からの水の蒸発を心配する必要がなく、クチクラも薄いのでしょう。陸上における水草のようなものかもしれません。このことも、水草では、光の強さの要因よりは二酸化炭素の要因が、葉の厚みを決めているという考え方を支持しています。

4　蒸散と葉の厚み

では、他に葉の厚みに影響を与えるような環境要因がないか考えてみましょう。じつは、一般的に、植物が成長するスピードは葉の薄い植物のほうが大きい傾向にあることがわかっています。本章２節で見たように、光が弱いときには薄い葉のほうが有利なはずです。しかし、光がそれほど弱くないときにも、葉の薄い植物の成長は案外速いのです。とすれば、植物の成長は光合成に依存しますから、葉の厚みによって光合成がどのように変化するのか気になります。葉の厚みが違うときに、何を基準にして光合成を比べるのかは難しいのですが、成長量は、普通、重さで考えることが多いので、葉の重さあたりの光合成を比べてみましょう[21]。そうすると、光がかなり強いときは別として、そ

21　特段の事情がないときには、光合成は葉の面積あたりで比較するのが一般的です。これは、第１章で説明した「薄い光を集める」という葉の機能から考えると納得できるでしょう。

れ以外のときには、薄い葉のほうが厚い葉よりも光合成を盛んにするのです。とすれば、その場合、わざわざ厚い葉をもつ理由としては何が考えられるでしょうか？

❖

ひとつ考えられるのは、第1章で考えたサボテンと同じように、体積あたりの表面積を小さくして、水の蒸散を防ぐため、という理由です。ただし、体積あたりの表面積を小さくすれば、たしかに蒸散は減るでしょうが、今度は二酸化炭素を取り入れるための面積が小さくなってしまいます。

しかし、ここで面白い実験がひとつあります。ツユクサの表皮の部分をはいで、光合成をする細胞を外気にむき出しにしてしまいます。そうすると、当然ながら蒸散は大きく増えるのですが、光合成の速度はそれほど変わりません。この結果を素直に解釈すれば、外界との境界面積が大きくなればなるほど蒸散は大きくなるけれども、二酸化炭素については、開いた気孔ぐらいの面積があれば、意外とそれ以上面積が大きくなっても光合成は増加しないことになります。その場合、水が足りているときには薄い葉をつくって高い成長速度を実現する一方で、乾燥しやすいところでは厚い葉をつくって蒸散を抑える、という戦略も十分に考えられるでしょう。水が十分にあるかどうかも、葉の厚みを左右していることになります。

5　部分的な厚みの違い

さて、葉の全体的な厚みとは別に、一部だけが厚くなっている葉をもつ植物もあります。よく見かけるのは、太い葉脈の部分が葉の裏側方向へ出っ張っている場合です。さて、これは何のためでしょうか？

❖

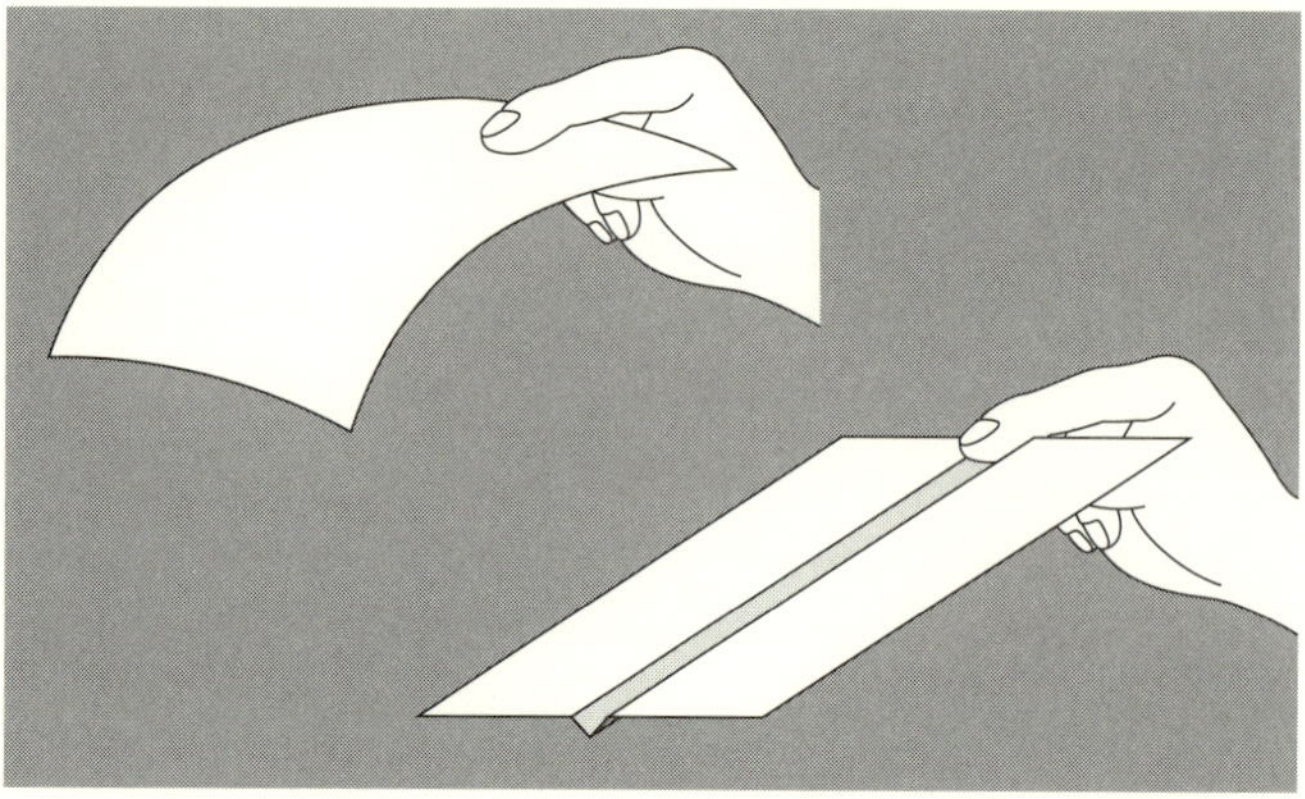

図3・4　折り目があると曲がらない

葉脈は、水や養分を葉に届ける導管や篩管が束になった維管束の部分に相当します。維管束の部分の葉が厚いことから、まず「維管束を太くする必要性があるのかな」と考えるかもしれません。ですが、葉脈が葉の裏側に出っ張った葉をもつ植物では、水や養分をたくさん届けなければならない、という対応関係はないようです。となると、もうひとつ別の可能性として、物理的な補強材としての役割が考えられます。

一枚の紙の端を持つと、紙はだらんと垂れ下がります。同じ紙を、折り目をつけてから持つと、今度は垂れ下がらずにぴんと伸びた状態のまま持つことができます（図3・4）。つまり、折り目によって、材質は同じでも、一定の角度に紙を保ちやすくなるわけです。葉脈が裏に出っ張っていれば、その部分が紙の場合の折り目の役割を果たすはずです。葉を平らに保持するためにこの葉脈の部分が役立っている可能性は十分にあるでしょう。
そのような考え方をした場合、さらに疑問が生じます。もし補強材が必要であるならば、葉脈が裏側に出っ張っていない葉をもつ植物もあるのはなぜでしょうか？

❖

葉脈が補強材になっていない場合、代わりの部分が補強材になっていればよい、というのがひとつの可能性でしょう。例えば、葉の全体を硬くすることによって構造を保てば、別に葉脈を補強材として使う必要はありません。ただし、全体といっても、葉の内部まですべて硬くする必要はありません。飛行機の翼などに使われるサンドイッチ構造では、表と裏の表面に硬い素材を使い、その間に中空の部分を設けています。[22] ダンボー

22　飛行機の翼などの場合、中空の部分は蜂の巣のように六角形を敷き詰めた形（ハニカム構造）にすることが多いようですが、その点は植物の葉と少し違いますね。

ルも同じような構造をもちます。葉の場合も、表面と裏面のクチクラ層だけを硬くしておいて、中の葉肉細胞はそれほど硬くありませんから、まさにサンドイッチ構造といえるでしょう。しかも、葉の表面が硬くなれば、昆虫などによる食害を受けづらくなりますから、一挙両得です。そのことから考えると、昆虫による食害が多い場所の植物には、表面全体を補強する型が多く、逆に食害が少ない場所の植物は、葉脈を補強材として使う可能性が考えられます。これも単なる個人的な推測ですが、実験的に調べてみると面白いかもしれません。

また、葉が短ければ、そもそも補強材を使わなくても垂れ下がらないでしょう。逆にいえば、葉の非常に長い植物の場合は、補強材を使っても垂れ下がってくることが考えられます。その場合でも、上向きに葉を出せば、アーチ状になって、問題なく光合成ができそうです。要は、葉の細長さと、構造の強さのバランスをうまくとることが大事だと考えられます。しかし、単に物理的な補強材が必要であるならば、維管束の部分を使わなくてはならない理由は何でしょうか？

❖

これには少なくとも2つの可能性が考えられます。維管束をつくっている導管は、構造的に強いセルロースという繊維によって補強された管状構造です。第5章でもう少し詳しく説明しますが、上から水を吸い上げても管がつぶれないよう丈夫につくられています。補強材として使うのであれば、もともと丈夫にできている素材を利用するのは理にかなっているでしょう。

もうひとつの可能性は、消極的な理由です。葉の中身の組織は、維管束と、光合成をする葉肉細胞からなっています。ここで、葉肉細胞の部分を厚くしたとすると、光が届く厚みは限られますから、葉の裏側の葉肉細胞は無駄になってしまいます。その点、維管束なら葉の裏でも別に問題ないので[23]、維管束を利用するのではないかと考えるわけです。これら2つの可能性は、別に同時に成り立たないわけではないので、実際には両方の理由が効いているのかもしれません。

23　葉の葉脈が突き出るのが通常は裏側であるのも、これと同じ理由なのかもしれません。力学的には、ビジネスジェット機のホンダジェットの胴体が主翼の上にあるように、葉脈が葉の上側に突き出ていてもよいはずです。

コラム　葉脈のパターン

葉脈について触れたついでに、葉脈のパターンについて考えてみましょう。これも葉の形の一種といえるでしょうから。中学校では、単子葉植物は葉脈が平行に走り、双子葉植物は葉脈が網目状になっていると習います。実際には、イチョウの葉のように葉脈が二又、二又に分かれていくものもありますから、必ず平行か網目になるわけではありません（図3・5）。しかも、単子葉植物でも網状脈の葉をもつものもありますし、双子葉の植物でも平行脈の葉をもつものがあります。さらにいえば、平行脈の場合でも、並行して走る葉脈の間は短い葉脈でつながっていますから、縦長ではありますが、一種の網目構造になっています。

ですから、葉脈のパターンの違いは、教科書に載っているような確定的なものではなく、さまざまなパターンを大ざっぱに2つに整理すると平行脈と網状脈になるという程度だと考えられます。しかも、現代の分類学においては、双子葉植物というまとまった

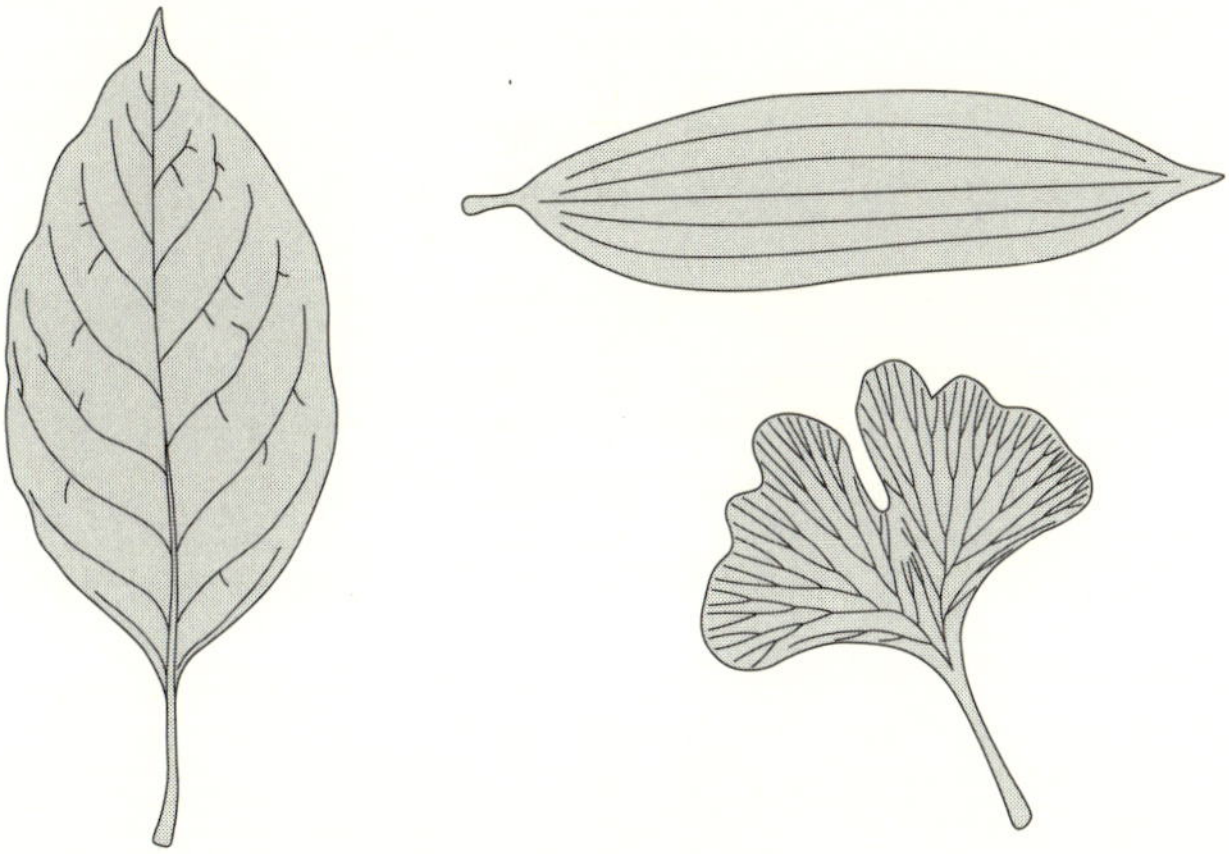

図３・５　葉脈のパターン

分類群は存在しないことが明らかになっています。それでも単子葉植物はまとまった分類群ですし、単子葉植物に平行脈の葉をもつものが多いことも事実です。これには何か理由があるのでしょうか？

❖

単子葉植物の場合、一枚の葉は先端からつくられ始めて、葉が伸びていく間、常に葉の基部で葉をつくっています。つまり、一枚の葉を見たときに、最初の時期につくられた先端部分と、今まさにつくられつつある基部が混在しているわけです。逆にいえば、基部で葉をつくっているときに、先端の葉はすでに完成していますから、基部に合わせて先端を変化させることはできません。ちょうど絨毯の文様を織り出すのと同じです。まさに織り出している部分でやり方を複雑に変えないと、全体として統一のとれた文様にはなりません。その場合でも、平行脈なら葉脈が単純な繰り返し構造になっていますから、ともかく一定の織り方を続けていけば葉を伸ばしていくことができます。つまり、葉の基部で葉脈を（つまり維管束を）単純につくっていっても、平行脈なら問題は生じなさそうです。

それに対して網状脈の場合は、葉全体としてのパターンがある程度重要になってきますから、先端をつくり終わった後に基部をつくらなくてはならない単子葉の葉の場合には問題が生じかねないのかもと思うのですが、どうでしょうね。[24]

24 東京大学の塚谷裕一先生に伺ったところ、網状脈の葉の植物でも、細胞が分裂している部分がかなり狭いものがあるそうですから、この仮説は、筆者の妄想にとどまるかもしれません。

第4章

葉の大きさと形の意味

1　葉の大きさが違うと何が起こるだろうか？

野外に出て植物の葉を観察すると、形もさることながら大きさもさまざまです（図4・1、口絵4）。ホオノキの葉は朴葉《ほおば》といって、食べ物や味噌などを焼いて食べるのに使うぐらいで、人の手の平の何倍もある大きな葉をつけます。さらにいえば、熱帯地方のスイレンのなかには、子供が乗れるぐらい大きな葉をつけるものがあります。

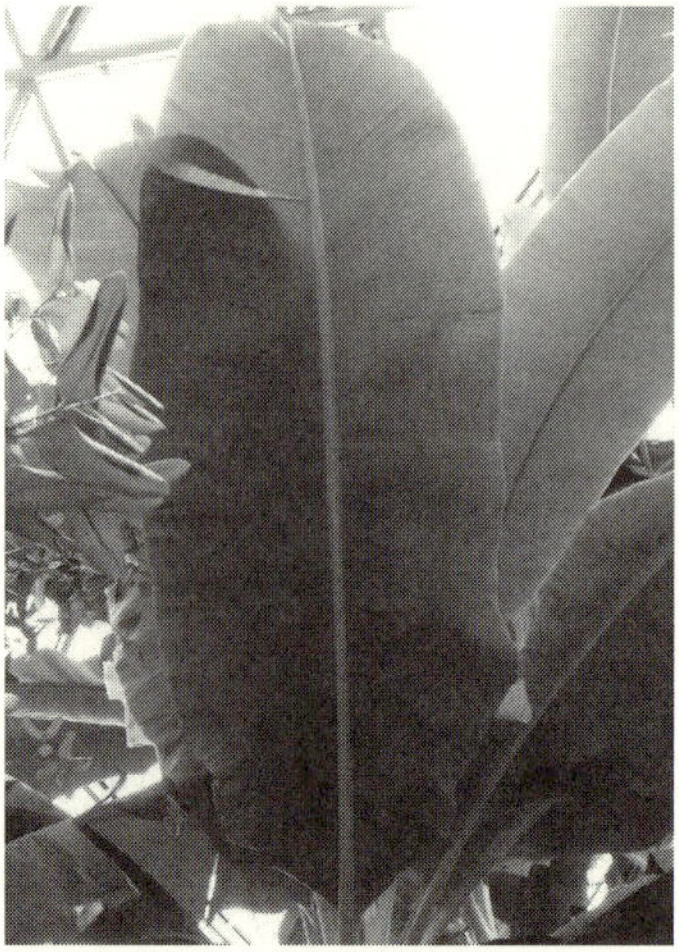
図4・1　人の背より大きなバナナの葉

小さい葉で身近なのは、サツキとかコメツガあたりでしょうか。このような葉の大きさの多様性の原因は何でしょう。光合成のために光を集めるという観点だけからすると、1平方センチメートルの葉を10枚つけるのと、10平方センチメートルの葉を1枚つけるのでは、あまり違いはないように思えます。にもかかわらず、植物によって葉の大きさが大きく違う理由は何でしょうか？

❖

ひとつ考えられる理由は物理的強度でしょう。厚みは同じで、面積を十倍にした葉は、かなり破れやすくなりそうです。それを補おうとして葉の厚みを厚くして丈夫にすれば、今度は丈夫にするためのコストがかかります。それぐらいなら最初から葉を小さくしておいたほうがよさそうです。

では小さければ小さいほど頑丈でよいか、といえば、そうでもなさそうです。まず、当たり前ですが、葉の厚みよりも縦横の幅が小さい葉をつくったからといって、強度が増すわけではありません。そこまでいかなくても、葉の1枚の面積が小さくなるにしたがって、葉を支える葉柄などの部分の相対的な割合は多くなるでしょうから、よりコストがかかることが予想されます。つまり、葉が大きくなると、葉柄などのいわば管理コストの割合を下げることができるという、規模の拡大によるメリット、すなわちスケールメリットが存在すると考えられます。

とすれば、より大きな葉のスケールメリットと、より小さな葉の堅牢性が両立する点が、現実の葉の大きさになるはずです。これだけを考えると、葉の堅牢性がより必要になる、風の吹きすさぶ荒々しい気象条件で育つ植物の葉は小さくなり、穏やかな気候の植物の葉は大きくなるはずです[25]。ただ、自然の環境を考えるうえでいつも問題になるように、たいていの場合、物事はそう単純には片付きません。そのほかの要因をもう少し考えてみましょう。

2　再び二酸化炭素の取り込みについて

ここでもう一度、二酸化炭素の取り込みについて考えてみましょう。気孔から葉の内側に入った二酸化炭素は、細胞と細胞の隙間を通ってそれぞれの細胞へと取り込まれるのでした。では、気孔に達するまではどうでしょうか。どうもこうも、葉の表面までは何もないじゃないかという声が聞こえてきそうですが、その表面がじつは問題なのです。第2章で、気体中では液体中に比べると物質の拡散が1万倍速いという話をしました。しかし、物質の拡散というのは、個々の分子のでたらめな動きによって起こります。液体と比べていくら速いといっても、遠距離の輸送を考えた場合は、一方向に物質全体が動くのに比べると、拡散による分子の動きは微々たるものなのです。

25　熱帯地方には、バナナなど大きな葉をもつ植物が多い気がしますが、台風のことなどを考えると、熱帯を「穏やかな気候」といってよいかは疑問です。

コーヒーに角砂糖を入れると誰でもスプーンでかき混ぜます。これは角砂糖が溶け、拡散で均一になっていくのを待っていたら日が暮れてしまうからです。これは、気体の拡散でも同じですし、熱伝導についても同様のことがいえます。いってみれば熱伝導は熱の拡散のようなものです。ヤカンに水を入れてお湯を沸かすときに、もし熱伝導だけで熱が水全体に広がるのを待っていたら、沸くまで何年もかかるという計算結果があります。実際には、水は温められると比重が軽くなる性質をもっていて、下から温められた場合は必ず中で対流が起こりますから、お湯はかき混ぜられて熱が全体に広がり、普通は数分でお湯が沸くわけです。お茶を飲むときには、温度が高くなるほど比重が軽くなるという水の物理的性質に感謝しなくてはなりません。

ここで、「なるほどそうなのか」と納得せずに、「じゃあ、水を上から温めたらお湯が沸くまで1年かかるのか？　そんな話は聞いたことがないぞ」と思った人がいたら、科学者の素質があります。実際にはそのような実験をした人を筆者は知らないのですが、せっかくだから、その場合に何が起こるか考えてみましょう。

上から温められているので対流は起こらず、熱伝導は遅いのですから、熱は水の中に溜まるばかりです。水の温度はどんどん上昇します。いずれ一番上のどこかで

100℃に達する部分ができるでしょう。その部分は、部分的な沸騰（一般的に突沸《とっぷつ》と呼ばれる現象と同じです）を起こして気化します。水蒸気となった水は、体積を増して大きく動きますから、それによって水は撹拌《かくはん》されると考えられます。突沸を繰り返しながらそれによって撹拌されて、水全体の沸騰につながるでしょう。[26] ただ、1年はかからないにしても、下から温めるよりは沸騰まで長くかかりそうですね。

さて、とてつもなく脱線しましたが、話を元に戻しましょう。要は、葉の中のミクロな世界で働く拡散も、葉の外のマクロな世界では非力だ、ということです。葉の外での二酸化炭素の動きには、拡散だけでなく、空気全体の動き、より一般的な言葉でいえば、風が必要なのです。ところが、昔話の「ねずみの嫁入り[27]」にもあるように、風は壁には負けます。風の吹く方向と垂直に何か大きな平面体があると、風速はぐっと落ちます。それでも壁から少し離れていればよいのですが、壁のごく近くになると、ほとんど空気

26　つまり、対流を起こさない無重力状態でも、撹拌をすればお湯を沸かすことができるでしょう。宇宙ステーションでどのようにお湯を沸かしているのか、筆者自身は知りませんが。

27　蛇足とは思いますが、「ねずみの嫁入り」では、太陽が雲に負け、雲が風に負け、風が壁に負け、壁がねずみに負けて、ねずみ同士が結婚し、めでたしめでたしとなります。

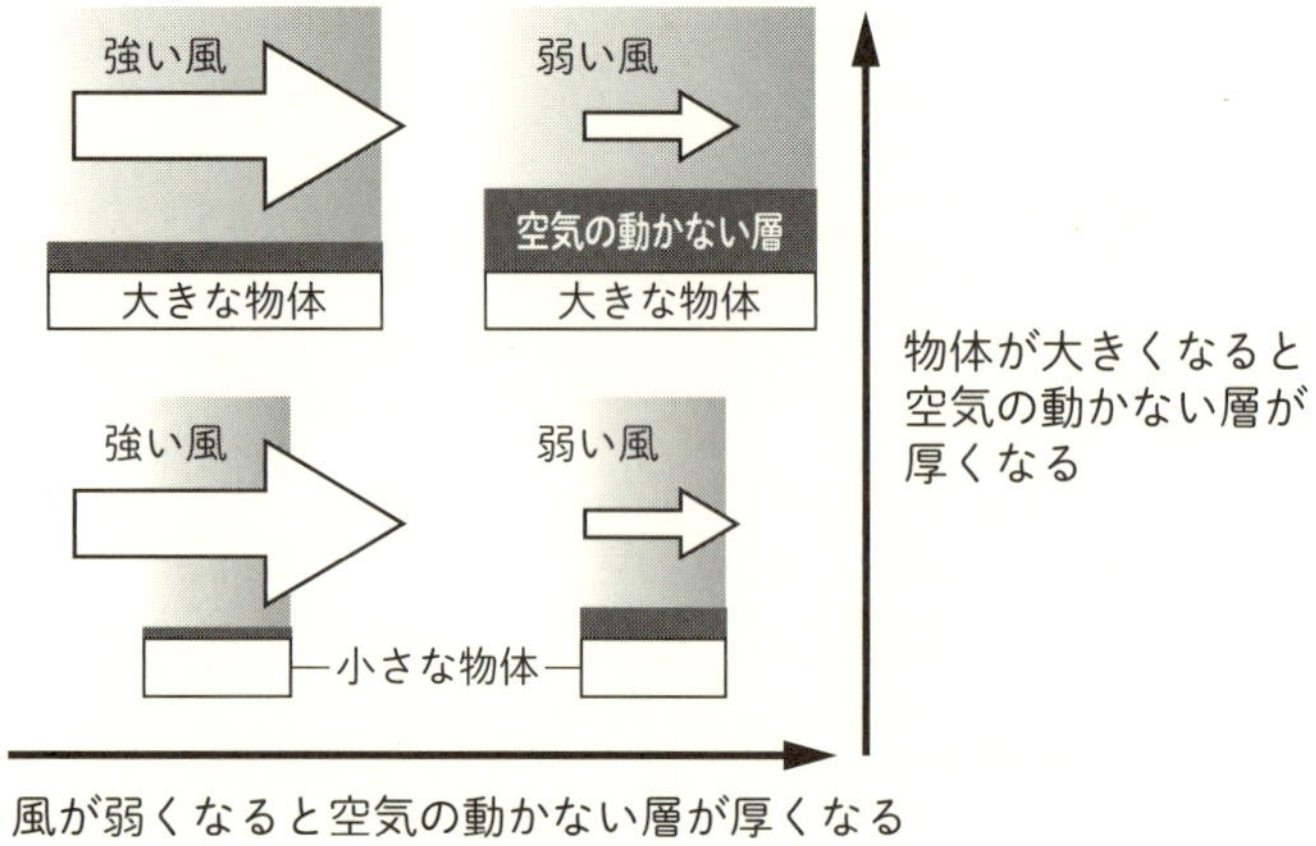

図4・2　物体のそばの空気の動き

が動かなくなってしまいます。

どのくらい近くにまで寄ると空気が動かなくなるかは、風速と物体の大きさによって決まります（図4・2）。風速が大きければ大きいほど、物体の近くまで空気が撹拌されますし、物体が大きければ大きいほど、空気が撹拌されない範囲が大きくなります。当然のことですが、空気が動かなくなった領域では拡散しか頼るものがありませんから、この領域が大きいと、周りの物質が物体に到達できなくなります。

延々と遠回りをしてきましたが、要は、葉も物体であり、そこに二酸化炭素が効率的に届くためには、風速が大きいか、

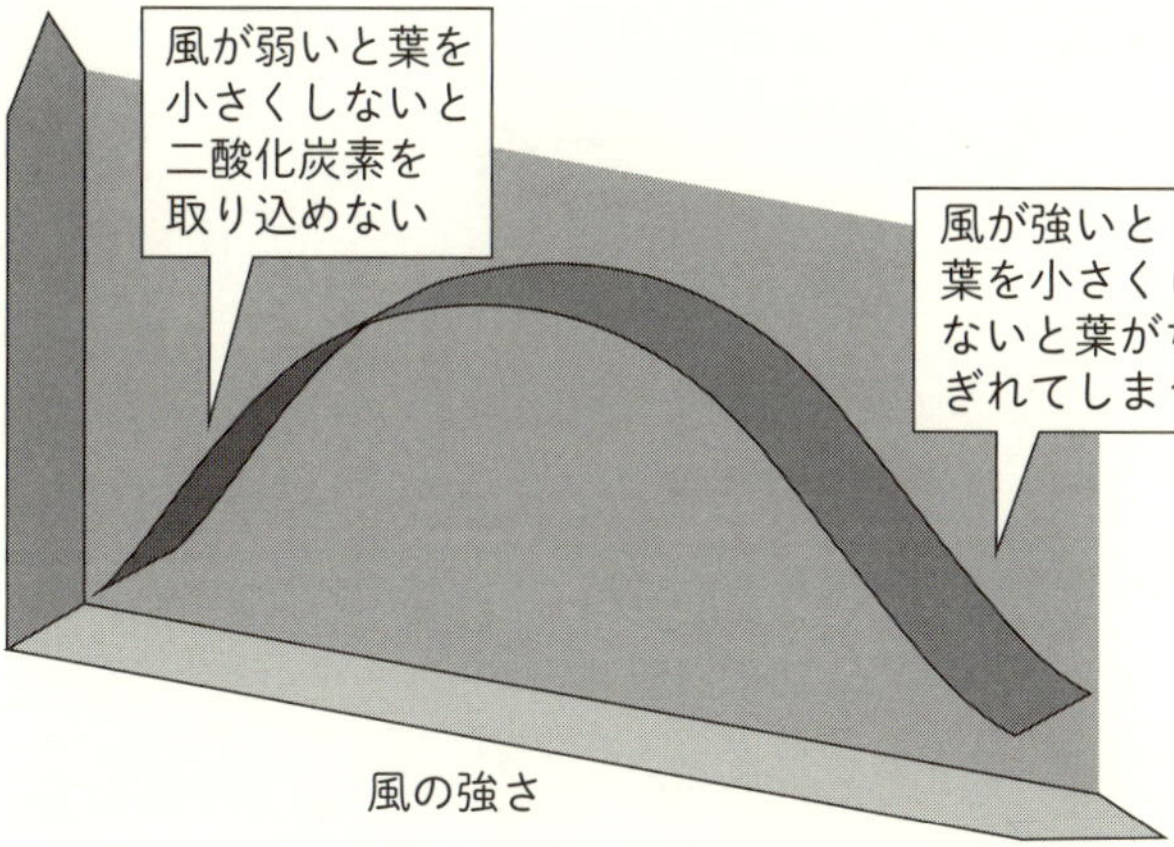

図４・３　風の強さと葉の大きさ

葉が小さいか、少なくともどちらかが必要であることになります。逆にいえば、風速が大きいときには葉を大きくしても二酸化炭素を取り込めるけれども、風が吹いていないときには、葉を小さくしないと二酸化炭素を取り込めない可能性があることを示しています。

前節で述べた葉の堅牢性から考えると、葉がちぎれそうなほど風が吹いているところでは、葉がちぎれてしまっては元も子もありませんから、葉を小さくしたほうが有利なはずです。そこから少し風が弱くなって、葉に影響があるほどではないけれども、「風通しのいい」状況になれば葉を大きくすることが可能になります。

しかし、さらにもっと風が弱くなってしまうと、今度は二酸化炭素の取り込みの問題が生じて、葉を小さくしたほうがよくなるでしょう。ですから、このような単純な考え方をすると、生育場所の風の吹き方によって葉の大きさは凸型のカーブを示すことになります（図4・3）。

といっても実際には、光合成を通して植物の生育や形を決めているものが常に二酸化炭素とは限りません。周囲の光が非常に弱ければ、二酸化炭素の取り込みが少なくても、光合成がどのぐらいできるかは、結局光の量によって決まってしまい、生育や葉の大きさには影響がないかもしれません。自然環境を二酸化炭素と風速だけで考えるのは乱暴で、実際には、光の明るさや温度などの要因も絡み合って、葉の大きさの多様性が生み出されているのでしょう。これらの点については第9章でまた議論することにします。

コラム　対流の役割

前節で、対流のおかげでお湯が早く沸くという話をしましたが、じつは対流は、光合成にも役立っている可能性があります。無風状態のときに葉に直射日光が当たると、温められて葉の温度（葉温）が上昇しますが、計算から求められる温度上昇と実際に測定した値を比較すると、思ったほど実際の温度は上がっていないことがわかります。これは、葉温が上がり始めると、それによって空気の対流が起こり、その対流によって熱が運ばれるので、温度の上昇が抑えられる[28]、という仕組みによります。

このことは二酸化炭素の動きにも影響を与えるはずです。風がないときでも、日光が葉に当たって対流が起こるような場合は、熱だけでなく、二酸化炭素も運ばれるでしょう。とすれば、そのような条件では、対流によって光合成が効率よく行なわれる可能性も十分ありそうです。

どの程度対流が起こるかは、葉がどれだけ光を吸収するか、葉がどの程度の比熱をもつかなどによっても左右されますから、あまり単純化することは危険ですが、いろいろ実験してみるのも面白いかもしれません。

28　このような対流は、寝たきりの入院患者の方の体温調節にも重要な役割をしているそうです。

3　さまざまな形の葉の利点

　これまでの節では、葉の大きさだけに焦点を絞って議論してきましたが、実際には同じような理屈で、葉の形についても考えることができる場合があります。例えば、植物の種類によっては、傷んでいない新しい葉でも、穴があいていたり、細かく裂けていたりする場合があります（図４・４）。そのような穴や裂け目をもつことにはどのような意味があるのでしょうか？

❖

　穴があいている部分では光合成ができませんから意味がないような気がしますが、前節で考えたように、葉の面積が小さいほうが有利なときもありますから、穴あきの葉もそう捨てたものではないかもしれません。

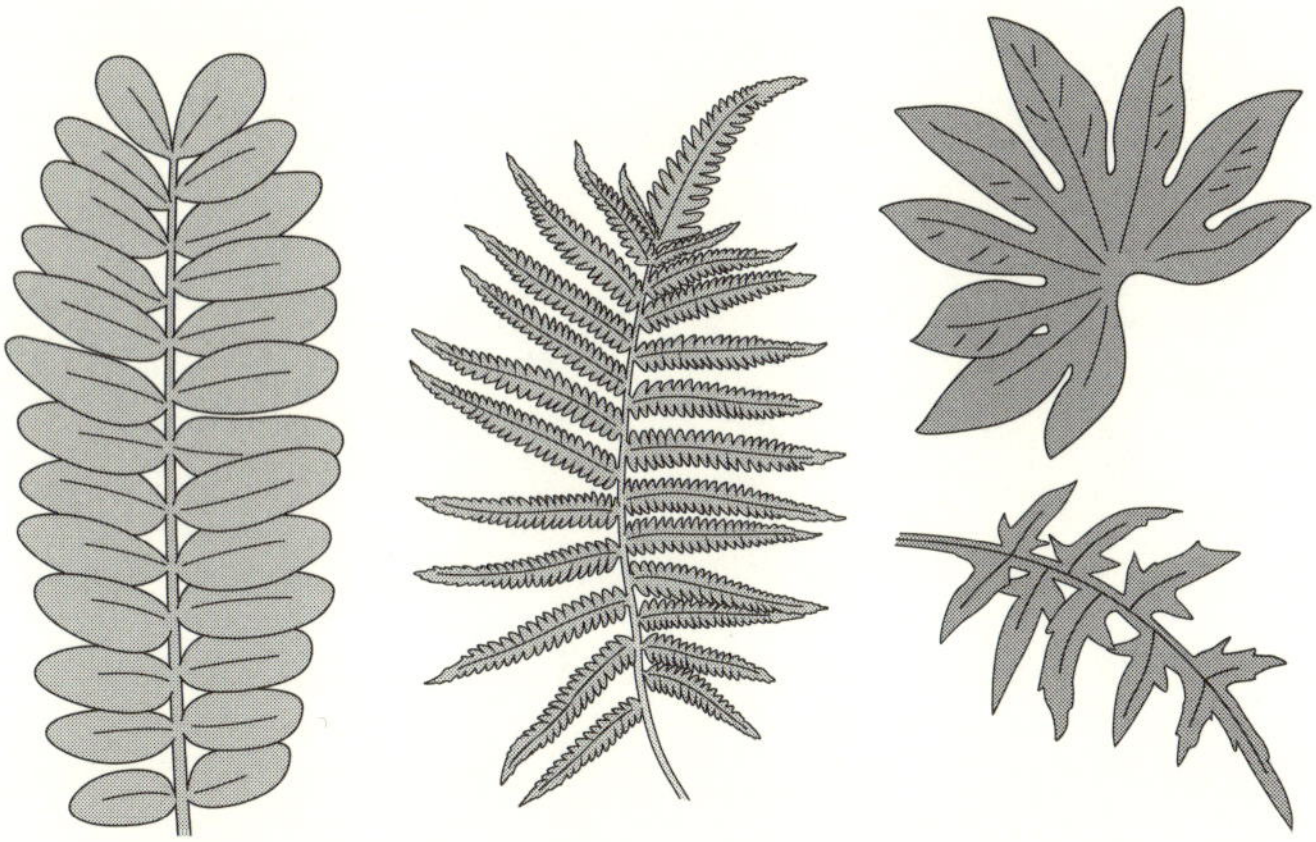

図４・４　複数の小葉からなる葉、切れ込みのある葉

ただ、葉の面積を小さくしようと思った場合に、穴をあけるのと、全体のサイズを小さくするのとでは、どのように違うのかと問われても、なかなか答えが見つかりません。穴をあけるのには手間がかかりそうですから、違いがないのであれば、形はそのままで単に葉の面積を小さくしたほうがよい気がします。世の中を見回して、穴のあいた葉がそうそうないのは、そのことを反映しているのかもしれませんが、少数でもそのような葉があることは事実です。単に、「じつは、かかる手間はそれほど違わないのでどちらでもよい」ということかもしれませんが、真実はわかりません。

このほか、複葉についても、同じような考え方ができるでしょう。複葉というのは、図4・4の左のイラストのように、1枚の葉が、何枚かの小さな葉（小葉）からできているものです。複葉などという面倒なものをもち出さずに、小さな葉をそのまま葉と呼べばよいだろう、と思うかもしれませんが、1本の枝に複数の葉がついているのと、1枚の葉（複葉）に複数の小葉がついているのでは、芽の出方が違います。枝の場合は、途中で切られたりすると葉の付け根から芽を出して伸び続けることができますが、葉の場合は、途中で切られても、葉の一部がちぎられたのといっしょですから、芽が出てくることはありません。

と、そのように植物学の講義では習うのですが、芽が出てくるかどうかは、葉の形とは直接関係なさそうですから、光合成器官としての葉の働きと形を考えるのであれば、小葉を、小さな葉とみなしてもよいでしょう。そもそも、将来芽になる部分は全体のほんの一部を占めるだけですから、それがある（複数の葉をつけた）枝と、ない（複数の小葉をもつ）複葉の差はそれほど大きいようには思えません。落葉樹を考えると、枝の場合は枝を残して葉が落ちるのに対して、複葉の場合は、小葉とそれをつなぐ枝のように見える「肋《ろく》」といわれる部分もろとも複葉全体が落ちるのが、違いとしてはむしろ大

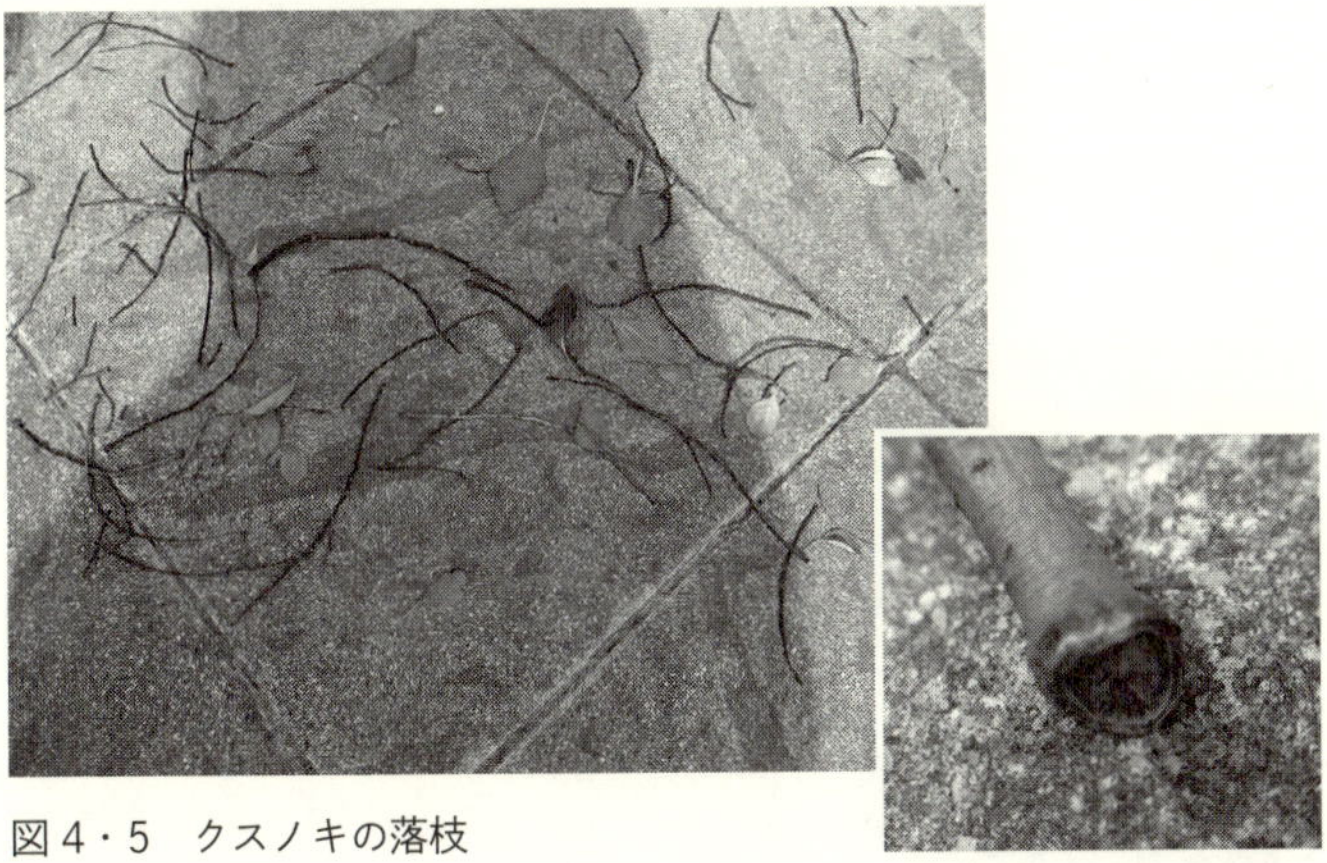

図4・5　クスノキの落枝

きいかもしれません。

とはいえ、世間を見渡すといくらでも複葉の例は見つかりますから、別に複葉が損をしているということでもなさそうです。実際に、クスノキなどは落枝《らくし》といって、葉をつけた枝ごと落ちます（図4・5、口絵5）。ケヤキも、果実をつけた枝は、枝ごと落ちるそうです。落ちた枝の切り口の部分をよく観察すると滑らかになっていて、単に強風で折れたわけではなく、葉が落葉するときのように、わざと枝を落としていることがわかります。わざわざ枝ごと落とす理由は必ずしも明らかではありませんが、落枝という現象があることを考えると、複葉を肋ごと落としても、それほど大きな損にはならないことが想像できます。基本的には、複葉は、小さな葉をもつ場合と同じで、その小さな葉を、葉としてもつか、小葉としてもつかは、光合成の観点からは「どちらでも構わない」ということのように思えます。とすれば、複葉の場合も、その小葉に注目して、その形や大きさだけを考えればよさそうです。

複葉よりも環境とのかかわりがはっきりしている例に、水とのかかわりがあります。渓流沿いの植物を観察していると、細長い葉をもつものが多いことに気がつきます。その意味では、さらに極端な例が水草で、第3章で紹介したような水草はたいてい細長い葉をもっています。アクアリウムにカツラのような真ん丸な葉をもった水草を入れたら、アクセントになってさぞかし面白いだろうと思いますが、丸葉の水草は見たことがありません。水草の葉が細長い理由は何なのでしょうか？

❖

この場合、一番考えやすいのは水に対する抵抗です。雨が降っていても、あまりにも風が強いときには傘をつぼめると相場が決まっています。強い流れの中で丸くて大きな葉を広げていたら、それこそ破れてしまうでしょう。そのような際には抵抗の少ない流線型が一番です。水中の水草だけでなく、渓流沿いの植物にも同じような形が見られることは、川の増水などの際に渓流植物が水没する可能性があることを示しているのでしょう。実際に、熱帯雨林では、典型的な流線型の特徴をもつ植物は、水没するところにしか生えていないそうです。

抵抗を減らすために形が変化していった身近な例としては、新幹線が挙げられます。初代の新幹線は、今から見れば「丸い鼻」という感じですが、「夢の超特急[29]」といっていた当時は、それまでの角ばった旧式の電車と比べると最先端の流線形に見えたものです。その後現れた新型車両は「カモのくちばし」のような、先端をキュッと引き伸ばしたデザインになりました。この先端を引き伸ばした形も、さまざまな植物の葉に見られます。庭や公園で見かける代表的な例としてはサクラやツバキの葉が挙げられます（図４・６）。ただしこの場合は、まさか水没する心配もないでしょうから、水の抵抗を減

29　計画段階では「夢の超特急ひかり号」というのがキャッチフレーズでした。実際に開業しても、つい「夢の超特急」と言ってしまって「もう夢じゃないんだよ」と指摘されたものです。

図4・6　サクラの葉

らすためではなさそうです。そもそもサクラの葉にしても、ツバキの葉にしても、葉の先端がシュッと伸びているだけで、葉の本体は流線型とはいえません。

これに関しては、「水を切る」役割をしているという説があります。雨が上がったのち、濡れた葉の水滴が葉の縁を周って落ちるとき、先端が「くちばし」になっていると、そこでまとまって落ちやすいというわけです。でも、水滴をわざわざ落とす意義は何でしょうか？

❖

水滴は透明ですから、光を遮ることもないでしょうし、そのまま放っておいても構わないようにも思います。しかし実際には、葉の表面に水滴があると不都合な事態が生じます。

ひとつは、水滴が気孔をふさぐ可能性がある点です。第2章でも触れましたが、光合成に必要な二酸化炭素は、気孔を通って細胞と細胞の隙間の気体中を拡散することにより、効率よく細胞に達します。その途中を水滴がふさいでいたら、拡散速度が気体中の一万倍遅い液体中を拡散しなくてはならなくなります。光合成の効率は大きく低下するでしょう。しかも、葉を濡らす実験をすると気孔が閉じることも明らかになっています。気孔が葉の表に多いか、裏に多いかは植物の種類によって異なりますが、雨が激しければ葉の裏も濡れますから、いずれにせよ好ましい状態ではありません。そこでカモのくちばしの出番というわけです。

もうひとつは、水滴のレンズとしての働きです。これも第2章でふれましたが、水と空気では屈折率が異なりますから、丸い水滴が葉の上にあると、レンズとして働きます。もちろんレンズとしてつくられているわけではありませんから、一点に焦点が絞られるとは限りませんが、基本的には水滴を通った光には濃淡が生じます。濃淡が生じても合計が元と同じならば構わないだろうと思うかもしれませんが、そうはいかない事情があります。

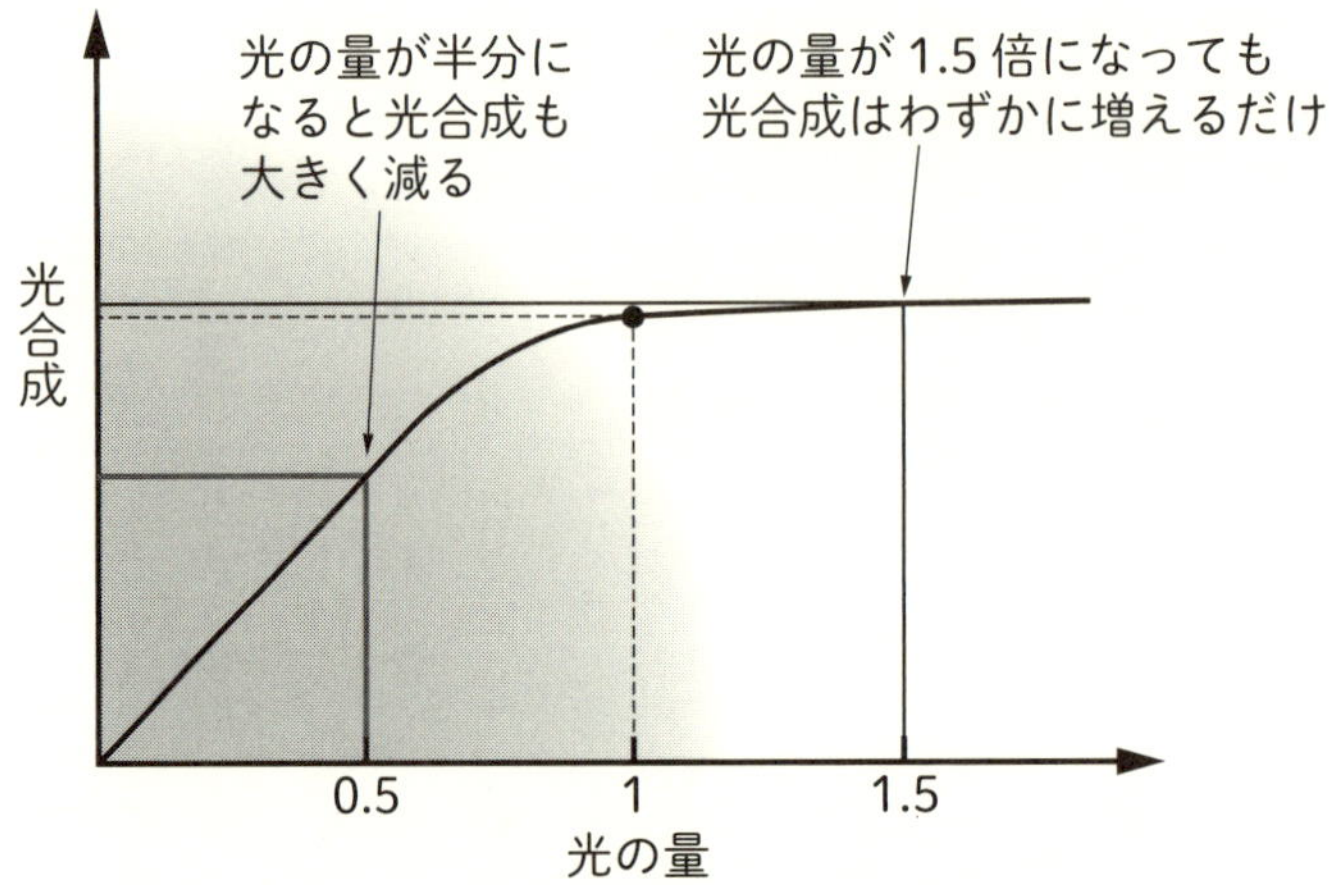

図4・7　光に濃淡があると光合成は減る

葉に当たる光が多くなれば、光合成をする量も増えるのが一般的ですが、どのぐらい増えるかは場合によって違います。光の量が少ないときは、光の量を増やした分だけ光合成量も増えるのですが、光の量が多くなってくると、増やした割には光合成量がそれほど増えなくなり、だんだんと頭打ちになっていきます。このことを頭において、均一な光が当たっている場合と、半分の面積は半分の量の光が、残り半分の面積は1・5倍の量の光が当たっている場合を比べてみましょう。当然、合計の光の量は同じです。

最初の光量がちょうど光合成カーブの曲がり際だったとした場合、光量が半分になると光合成量も約半分になります（図4・7）。一方で、光量が1・5倍になっても光合成量はわずかに増えるだけです。例えば1・1倍に増えたとしましょう。つまり、光量が半分のところの光合成は約0・5、光量が1・5倍のところの光合成は1・1ですから、平均すると（0・5＋1・1）／2＝0・8となってしまって、均一な場合よりも減ってしまいます。この減り方は、実際の光量によっても異なりますが、もとより大きくなることはありません。水滴は光を通しても、光合成を必ず減らす方向に働くのです。

じつはこれだけではありません。葉が濡れた状態では、気孔を通じた二酸化炭素の移動が妨げられて、葉の中は二酸化炭素が欠乏することになります。その状態で葉に光が当たり続けると、葉の光合成の機能が失われてしまうのです。光のエネルギーは二酸化炭素を有機物に変えるために使われるわけで、二酸化炭素が足りないときに光が当たると、余ったエネルギーが光合成を担うタンパク質や色素を壊してしまうと考えられます。[30]

30　「過ぎたるは及ばざるが如し」といいますが、光合成に必要なエネルギーも、多すぎると植物に害を及ぼすのです。このような現象は光阻害と呼ばれます。

というわけで、雨が降った後は、陽が燦々《さんさん》と射してくる前に、葉の表面の水分を除いておくことが植物にとって重要なのです。そのためには、葉の先端が細長く伸びているほうがよいのでしょう。

植物の種類によっては、葉の周囲に鋸歯《きょし》という、まさにのこぎりの歯のような切れ込みがあるものがあります。これなども、葉の縁の水分をなるべくまとめて落とす役割を果たしているのるかもしれません。ただし、鋸歯のくぼみに水がたまるようだと逆効果になるでしょうから、一概には結論できません。実際に、水の「切れ」が鋸歯によってどのように変わるかを試してみるのも面白いでしょう。

水滴に対する植物の対応としては、これとはまったく別の方法もあります。雨粒が落ちてきたときに、それが葉の表面にくっつくからこそ問題なのですから、例えば葉の表面をフライパンのテフロン加工のようにしておけば、水をはじいて問題を避けることができます。植物のなかには、実際にこのテフロン加工のような仕組みを表面の細かい毛などによって実現しているものがあります。身近なところではハスの葉でしょうか。ハスの葉にじょうろで水をかけて、水玉がコロコロと葉の表面を転がる様子を楽しんだ方もいるかもしれません。サトイモの葉でも同じような現象が見られます（図4・8）。

図４・８　サトイモの葉の上の水滴

これは葉の表面の構造によって実現されているわけですから、ミクロではありますが、一種の「葉の形」といってよいかもしれません。

このような議論は面白いのですが、いざ葉の形が異なる原因を実験的に証明しようとするとかなりの難関です。葉の形が違う別の種類の植物を使って実験をしたのでは、それが葉の違いに起因するのか、それとも種の間の、形とは関係のない違いを反映しているのかを突き止めることができません。

例えば、葉の先端が尻尾のように伸びている植物のなかから、その尻尾の部分がなくなった変わり者の植物を見つけ出して、伸びている植物と伸びていない植物を同じ場所に混ぜて植えて、どちらがその後よりたくさん子孫を残すのか、といった実験をすれば、手がかりが得られるかもしれません。

しかし、これはなかなか大変そうです。しかも、このような実験の結果は、その年に

図4・9　タビビトノキの若葉（左）と古い葉

どの程度雨が降るかによっても変わってきてしまうかもしれません。「なぜ」という疑問は、「どのように」という疑問と比べると、実験的に証明するのはなかなか難しいのです。だからこそ面白いともいえるのですが。

最後に、成長の過程で葉の形が変わる例を2つ。ひとつは、タビビトノキやバナナなどの葉です。タビビトノキは、扇型に葉を広げる低木で、扇型の中心のところに溜まる水を旅人が飲んだところからその名前がついたという伝説があります[31]。

それはさておき、タビビトノキの葉は、もともと楕円に近い形なのですが、野外の木では、風雨にさらされるうちにばらばらに千切れてしまいます(図4・9)。ただし、千切れても枯れるわけではなく、そのままの状態で光合成を続けることができます。この千切れることには、何か積極的な意味があるのでしょうか？

❖

先に説明したように、葉が細くなれば、風が弱いところでの二酸化炭素の吸収の効率が上がります。したがって、じつは千切れることに意味があるのだ、という可能性もなくはありません。しかし、温室に植わっているタビビトノキの葉を観察すると、あまり千切れていません。おそらく風が弱いからでしょう。二酸化炭素の吸収効率を上げる必要があるのは風が弱いところでの話なので、もし、それが葉の形を決めているのであれば、温室でこそ葉を細くする必要があるはずです。とすると、野外で葉が千切れるのは、むしろ葉がうまく千切れることによって風圧を逃がしている、と考えたほうがよさそうです。

31　しかし、東京大学の塚谷裕一先生にお伺いすると、原産地のマダガスカルではタビビトノキは湿地帯にしか見られず、旅人が水に困るような場所には見られないそうです。しかも、タビビトノキに溜まる水はかなり汚くて飲む気はしないということでした。

図4・10　ヒイラギの葉の2つの形：塚谷裕一博士（東京大学）撮影

もうひとつ葉の形が変わるので有名なのはヒイラギです。ヒイラギは、縁にトゲをもつ葉をつけ、生垣などにも利用される身近な低木です。葉の縁のギザギザ（鋸歯）がトゲになっているのですが、老木になるとこのトゲがなくなって丸い葉に変化します（図4・10、口絵6）。なぜ年をとると丸くなるのでしょうか？[32]

❖

一番考えやすいのは樹高の影響でしょう。そもそもトゲが何かに役立つとしたら動物によって葉を食べられるのを防ぐためだと考えられます。相手が昆虫の場合は、葉に対して体が小さいので、トゲをもっていてもあまり効果はありません。小さな毛虫にとっては、葉のトゲは巨大な棒にしか見えないでしょう。つまり、葉と比較して体の大きな動物が、トゲが役立つ相手です。例えば鹿ぐらいの大きさが想定されます。とすると、ヒイラギは低木とはいっても数メートルにはなりますから、十分に大きくなってしまえば、そのような動物から食べられる心配は少なくなります。では、老木になったからといって、わざわざトゲをなくす必要はあるのでしょうか？

❖

これについては、説得力のある理由を考えることは難しいのですが、逆にわざわざトゲをなくしている以上、トゲをつくるには植物にとってある程度の努力が必要で、それなりのエネルギーを費やしているのだ、と考えることはできると思います。

32　人間も年をとると丸くなるといわれますが、その意味を考えてみるのも面白そうです。ただし、孫ができるぐらいになってからの性質は、子孫の数に反映しなさそうですから、植物の場合と違って進化的には意味がないかもしれません。

コラム　葉の形が決まる仕組み

この本では、植物の形の「目的」に重点を置いていて、形ができる仕組みを細かく解説することはしませんが、ほんの少しだけ、ここで仕組みについても紹介しておきましょう。葉の形の成り立ちであっても、葉の機能であっても、それらを直接調節しているのは基本的にタンパク質です。では、葉の形を考えるうえで、どのタンパク質が調節に関わっているかを知りたい場合、どうしたらよいでしょうか？

タンパク質の遺伝的な情報をもっているのは遺伝子です。よく使われるのは、いろいろな遺伝子を個別に壊した植物をたくさんつくっておいて、そのなかから葉の形が変化したものを見つける、という方法です。ある遺伝子が破壊されると葉の形が変わるとしたら、その遺伝子は葉の形づくりに関わっている可能性があると考えてよいでしょう。

実際に、東京大学の塚谷裕一先生のグループの研究により、ごく小型の植物シロイヌナズナで、ある遺伝子が壊れると、葉が細くなることがわかりました。この場合、葉の

図４・11　遺伝子を壊すと葉の形が変わる：塚谷裕一博士（東京大学）撮影

長さは変わらずに幅だけが狭くなるのです。一方、別の遺伝子を壊すと、今度は縦の長さだけが短くなって、寸詰まりの葉をつけるようになりました。さらに面白いことに、それら２つの遺伝子が同時に壊れた植物では、今度は、縦の長さと横の幅が同時に短くなって、形は元の葉に似ているのですが、全体に小さい葉をつけたのです（図４・11）。

このことから、葉の縦の長さと横の幅は、別々の遺伝子によって独立に調節されることがわかります。つまり、細い葉や、寸詰まりの葉をつくろうと思ったら、それらの遺伝子のはたらきを別々に調節してやればよさそうです。また、大きさを変えようと思ったら、2つの遺伝子のはたらきを同時に変えればよいことになります。

実際の葉の形づくりは、他にも多くの遺伝子が関わる複雑な仕組みによって調節されていると思われますが、少なくとも、この2つの遺伝子のはたらきによって、葉の形の変化の一部がきれいに説明できることはたしかです。シロイヌナズナ以外の植物においても、同様の遺伝子がはたらいていると考えられます。

第5章

茎はなぜ長細いのか

1　茎の存在意義は何だろう?

高校の生物の教科書を見ると、茎の役割として「葉と根の間で水や栄養をやり取りする」と書いてあるものがあります。実際に葉と根の間では、茎を通して水や栄養が行き交っているわけですが、それが「役割」であるというのは少し妙です。もし水や栄養のやり取りが主要な役割ならば、根に直接葉をくっつければ済む話です。茎が途中にあるからこそ、そこを通して水や栄養をやり取りしなくてはならないのですから、話はむしろ逆[33]で、茎をつくらなければならない理由は、何か他にあるはずです。

簡単な思考実験をしてみましょう。まず、葉や根はほとんど同じで、茎のある植物とない植物を想像してみます。そしてそれらを同じ場所に混ぜて植えてみましょう。その後何が起こるか想像してみてください。

おそらく、茎をもつ植物は、もたない植物よりも上に葉を広げることができますから、存分に光合成ができるのに対して、茎をもたない植物は上を覆う葉に光を遮られて、光合成ができなくなります。しばらくすれば、きっと茎をもつ植物がその場所を主に占めるようになるでしょう。これこそが茎の存在意義です。葉を高い位置に保持して他の植物よりも有利な立場に立つためにこそ、茎はあるのです。

❖

もっともらしい話ですが、この仮説が本当かどうか、何か別の角度から検証したいところです。そのような場合、役に立つのは、茎がほとんどない植物です。アフリカ南部、ナミビアの砂漠には「奇想天外」と呼ばれる植物が生えています（図５・１、口絵７）。この植物は、見掛け上、根から直接２枚の葉がただ伸び続けるだけで、茎はほとん

33　このような「それは話が逆だろう」という記述は、意外と生物の教科書に多く見られます。生物学の場合、中途半端に「意味」を考えてしまうのはよくないようです。考えるならば、この本でしているように徹底的に考えましょう。

図５・１　奇想天外：加藤栄博士 撮影

ど見えません。なぜ、奇想天外は茎がなくてもよいのでしょうか？

❖

それは、奇想天外が生えている環境を見れば一目瞭然です。辺り一帯は砂漠で、ほとんど他に植物は生えていませんから、上を他の植物に覆われるということはあり得ません。これなら、茎をもつ必要はたしかにないでしょう。つまり、茎の存在意義が他の植物との光をめぐる競争にあるという仮説は、ここでも成り立つのです。

同じような推測は、奇想天外よりなじみのあるタンポポについても成り立ちます。タンポポも茎がほとんど見えません。そして、タンポポも、砂漠ほどではありませんが、何らかの理由で他の植物が上空を覆うことのない、開けた環境に見られます。背の高い草が生い茂る草原や、深い森の中ではタンポポを見かけないことも、茎の存在意義に関する仮説を支持しています。

ところが、世の中には、林に生える植物のなかにも茎をもたないものがあります。早春にきれいな紫色の花をつけるカタクリ[34]は、やはり茎が見えませんが、林の中で上空を他の植物に覆われる場所に生育しています（図５・２）。この場合は、仮説が成り立たないのでしょうか？

❖

その疑問に対する答えは、カタクリの生育する様子をよく観察するとわかります。カタクリがよく見られるのは落葉樹の林の中です。早春に葉を出して、花を咲かせたかと

34　昔は、この植物の根から片栗粉をとっていたのでしょうが、現在の片栗粉の原料はジャガイモです。

図5・2　カタクリ：Wikimedia Commons（Kropsog 氏撮影）

思うと、夏になるだいぶ前に葉は枯れてしまいます。それらのことを考え合わせると、このような植物は、落葉樹が葉を茂らせる前の早春に葉を出して光合成をして花を咲かせ、上空が葉で覆われる頃にはもう葉を枯らして休眠に入るという、突貫工事型の生活をしていることが予想されます。結局この場合でも、他の植物と競争にならないときには茎をもたなくてもよい、という仮説を支持していることになります。

2　茎の高さは何によって決まるのか？

では、他の植物と光をめぐる競争がある場合は、茎をどのように伸ばしていくのが一番よいでしょうか？

❖

工事か何かがあって、生えている草が根こそぎなくなった状況を考えてみましょう。そのような場合、光は十分に当たりますし、土の中には栄養分もあるでしょうから、土の中に埋まっていた種子が発芽して、あるいは残された根から、いっせいに茎が伸び始めます。いわば、ヨーイドンで競争が始まりますから、早く背を伸ばしたほうが有利になります。このような場所によく見られる植物には、ほんの半月の間に50センチメートトルの高さに達するものがあります。このような場合、一度他の植物の下になってしまうと、光合成ができなくなって、それ以上背を伸ばすためのエネルギーを得ることができなくなります。スタートダッシュが勝負です。

面白いことに、このような勝負は、異なる種の植物の間の競争だけでなく、同じ種のなかでも起こります。他の植物が生えないようにした場所に、同じ種の植物の種子だけを蒔くと、同じ種類の植物ですから、最初は同じような速度で背を伸ばしていきます。しかし、そのうち、何らかの理由で少し出遅れたものは他の植物の下になってますます遅れ、少し他の上になったものはより多くの光を受けて、ますます背を伸ばします。結果として、同じ植物なのに勝ち組と負け組がくっきりと生じるのです。[35]

同じ種であれ、違う種であれ、一度劣勢になったら挽回は困難ですから、背を伸ばす速度はその植物にとって可能な限り速くする必要があります。半月の間に50センチメートルという速度は、おそらくそのような上限に近い値なのでしょう。一方で、そのような競争についていけない植物は、カタクリのようにまったく別の戦術を取る必要があるわけです。

ただし、一年草の場合は、夏の間にいくら背を高くしても冬には枯れて、春にまたゼロからのスタートです。それに対して樹木の場合は、一年一年少しずつ背を伸ばしていきます。いわば毎年の積み重ねによって高さを稼ぎます。最終的な高さに注目すれば、樹木に軍配が上がりますが、一方でスタートダッシュの際の生育速度を比べれば一年草のほうが上でしょう。いったい、どちらが得でしょうか？

❖

世の中には、実際に一年草も樹木もあるわけですから、この場合も、環境によって一年草が有利な場合もあれば、樹木が有利な場合もあるはずです。何年もたてば樹木の高さは一年草を追い抜くわけですから、一年草が有利になるのは、何らかの理由で何年も同じ環境が続かない場合でしょう。つまり、短期間で環境が大きく変わるような場所では、一年草が有利になるはずです。

35　ただし、勝ち組の植物からとった種子から芽生えた植物が次の年に勝ち組になるかというと、必ずしもそうではないようです。氏より育ちということでしょうか。

周期的に冠水する河原や、頻繁に土砂が崩れるような場所では、せっかく樹木がゆっくり、しかし着実に背を伸ばそうとしても、環境の変化によって元の木阿弥になってしまいます。そのような場所では、短期間に速く成長できる一年草のほうが有利です。一方で、同じ環境が安定して続く場所では、樹木のほうが有利になる場合も多いでしょう。ここでも、環境の多様性が生物の多様性を生み出していることがわかります。

では、安定な環境がずっと保たれて樹木がすくすくと成長したならば、どのぐらいまで高くなるのでしょうか？　そして、その高さは何によって決まるのでしょうか？

❖

地面との距離が大きくなるにしたがって問題となってくるのは、根から吸い上げている水を高いところまで持ち上げられるかどうかです。それを考えるためには、植物がどのように水を持ち上げているのかを知らなくてはなりません。

上から水を引っ張り上げているのは葉です。より正確には、葉から水が蒸発すると、なくなったのと同じ量の水が上に持ち上げられるのです。茎の中には導管が通っていて、

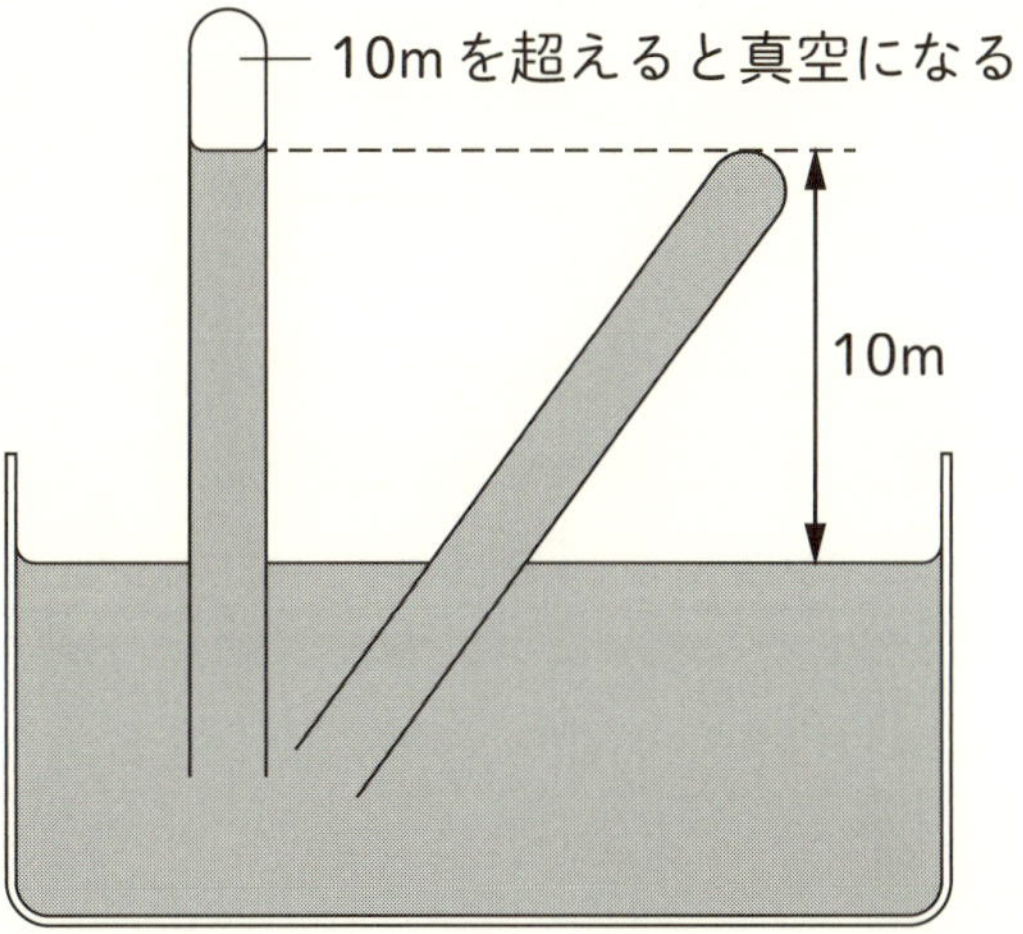

図５・３　水は10mを超えてポンプで持ち上がらない

その中にいわば水の柱が存在しています。その水の柱の上から水がなくなると、それを補充するかたちで水の柱が上昇するわけです。

ところがこの方法にはひとつ問題があります。真空ポンプを使って高いところに水を引っ張り上げようとしても、10メートルの高さまでしか上がりません[36]（図５・３）。これは、地表からずっと上空までの空気の柱の「重さ」が、10メートルの高さの水の重さと同じであることによります。つまり、その空気の重さであ

36　高校で化学の時間に習う有名なトリチェリの実験です。トリチェリの実験では、比重の重い水銀を使いますから、上がるのは76センチメートルになります。

る大気圧が押すことによって、水は押し上げられているのです。そのため、大気圧と釣り合う10メートルを超えて水を持ち上げようとしても、そこで水の柱は切れてしまうのです。

しかし、植物は10メートル以上の高さにまで枝を伸ばすことができます。これは、導管という細い管の中に水を閉じ込めることによって、水の柱を切れにくくしていることによると考えられています。世界で一番高い木の高さは110メートルぐらいだそうですから、大気圧の10倍以上の力で押さないと届かないところまで、植物は水を持ち上げていることになります。この高さが物理的な限界なのかどうかはよくわかっていません。

これだけの高さになるためには少なくとも百年単位の時間が必要でしょうから、いくら環境が安定している場所であったとしても、雷に打たれることもあるかもしれません。そのような突発事故がある程度の頻度で起これば、それが樹木の高さを制限してしまうことはあり得ます。それだけでなく、ある程度の高さになった木は、周囲にライバルがほとんどいなくなるでしょうから、それ以上高くなる必要性自体がなくなってしまいます。ですから、今後200メートルの高さの木が発見される可能性はあまり高くないでしょう。

コラム　樹皮の模様は何のためか？

草花の名前をよく知っていても「樹木についてはよくわかりません」という人は案外います。そのひとつの原因は、大きな木になると、葉や花が高いところにつくので間近によく観察することができない、という点にあります。それでも必ず近くに寄って観察することができるのが幹の樹皮です。この樹皮の模様は、地味ながら案外多様で、樹木の種類によって大きく異なるので、慣れてくると樹皮を見ただけで樹木の種類を当てることができます[37]。

でも、幹が葉を高い場所に支える役割を果たしているのであれば、別に表面に凝った装飾など施さずとも、つるんとしていれば十分に思えます。この樹皮の模様は何のためにあるのでしょうか？

37　と、偉そうに書きましたが、筆者自身は当てられません。

図5・4　樹皮の2タイプ

❖

実際に樹木を観察してみると、樹皮の模様には大きく分けて2種類あることに気がつきます（図5・4、口絵8）。ひとつは、一定の面積をもつ部分の樹皮が剥がれ落ちて、その跡が模様になる場合です。面積は大きいものも小さいものもあります。もうひとつは、樹皮に深い割れ目ができて模様をつくるものです。これら2つの様式はまったく違うように思えますが、じつはひとつの原因、すなわち樹木の幹が太くなる仕組みに由来しています。

ご存じのように、樹木は一年一年年輪をつくりながら外側に向けて太くなっていきます。つまり、年輪の一番外側の部分で、細胞が分裂し、必要な物質を合成して太くなるわけです。しかし、さすがに幹の表面で細胞を分裂させるわけにはいきません。細胞が分裂する部分は、表面から少し内側に入った部分にあって、その外側は、硬い樹皮で守られています。

では、樹皮の内側で細胞が分裂し、幹の中が太くなると、樹皮はどうなるのでしょうか。当然、樹皮も外側に移動しなくてはなりませんが、そうすると、中心からの距離が長くなる以上、円周の長さも長くなり、樹皮はどうしても引き伸ばされることになります。しかし、樹皮は硬いセルロースでつくられているので、ゴムのように伸ばすわけにはいきません。どのようにしたらよいでしょうか？

❖

対応策は2つ。ひとつは、古い樹皮を捨てて、身の丈に合った新しい樹皮をつくることです。もうひとつは、樹皮に割れ目を入れて長さの帳尻を合わせることです。割れ目を入れる場合も、いずれは新しい樹皮を内側につくらなくてはならない点は同じです。要は、ザリガニの脱皮と同じで[38]、中が大きくなったら、外側の硬い部分は捨てて、新しいものに置き換えなければならないのです。そして、その捨て方には2種類あって、古

38　逆にそうすると、なぜザリガニが一度に脱皮するのか不思議になります。脱皮したては体が軟らかくて外敵に襲われやすいことを考えると、樹木のように少しずつ剥がしたほうがよさそうにも思えます。

い樹皮をすぐに剥がして捨てるか、それとも、割れ目を入れてしばらくの間は防御壁として使い続けるか、という選択になるわけです。

とすると、いらない部分を捨てるだけの話ですから、おそらくその捨て方に厳密な決まりは必要ないのでしょう。剥がして捨てようが、割れ目を入れてからまとめて捨てようが、問題は生じません。そして、その剥がし方や、割れ目の大きさも、植物ごとに違っていて構わないはずです。このことが、樹木の樹皮の模様の多様性を生み出しているのでしょう。

3　茎の断面の形は何によって決まるのか？

「はじめに」でも書きましたが、植物の茎の断面の形は、植物の種類によって異なります。しかし、きわめて大ざっぱに考えたとき、植物の茎の断面はだいたい丸いと考えてよいでしょう。きし麺のように平たい茎はあまり見かけません。ということは、丸いことには本質的な意味があって、そこからの「揺れ」には、環境との相互作用が隠れているはずです。茎が丸いことの意味は何なのでしょうか？

❖

茎の本質的な役割は、葉を高いところに支えることでした。とすれば、丸さの意味は明確です。もし茎がきし麺のように平たければ、平たい方向に折れやすくなりますから、

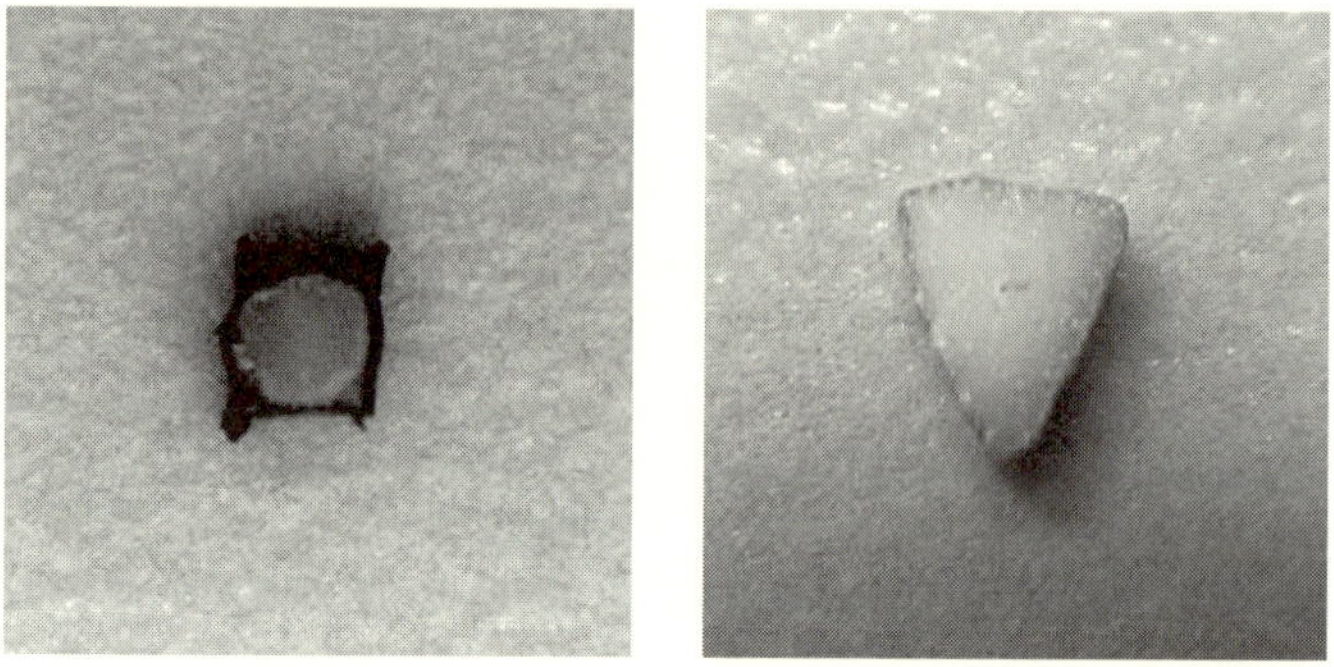

図5・5　四角い茎（トレニア）と三角の茎（カヤツリグサの仲間）

どちらにも折れないようにするためには丸くするのが最善です。

でも、シソ科やゴマノハグサ科の植物の多くは四角い茎をもっていますし、カヤツリグサ科の植物の多くは三角の茎をもっています（図5・5）。これらの場合も、基本は丸であって、丸い茎に4つもしくは3つの角《かど》がついていると解釈することができます。樹木では、ニシキギの場合、幹から翼のような板が4方向に張り出しています。角がついていると、その方向への曲げに対しては強くなりますから、風が吹くなどする環境で茎が曲がらないようにするための形なのでしょう。これは、第3章でふれた、葉の葉脈が補強材になっている場合とよく似ています。植物によっては、茎に縦の筋がたくさん入ってギザギザになっているものがありますが、これなどもたくさんの角がついているのと同じでしょう。ただし、きし麺の例を考えてもわかりますが、角が2つだけだとその間の方向に折れやすくなりますから、角の数は最低でも3つになるでしょう。

そうすると、茎は丸くなくて四角などのほうがよさそうに思えますが、実際には曲がること自体は必ずしも悪いことではありません。風が吹いた場合に、折れてしまっては困りますが、「柳に風」と曲がりつつも受け流して、風がやんだときには元の状態に戻る、という戦略も十分に考えられます。その場合には、茎は丸いに限ります。剛を採るか柔を採るか、その戦略は植物ごとに違って、それが茎の形に表れているわけです。

曲がりにくくする方法としては、角をつける代わりに、中空にするという戦略もあります。中心から遠いところに構造物があるほうが曲げに対する抵抗性は高くなりますから、同じ量の物質を使うのならば、内部を中空にして、外側に物質を配置したほうが有利です。第3章で紹介したサンドイッチ構造と似たような考え方です。「はじめに」で紹介したハルジョオンは、そのような中空の茎をもっています。一方で、よく似たヒメジョオンは、茎が中空ではない代わりに、茎に小さな角があり、それが曲げに対する抵抗性を与えているようです。ここでも植物は、共通の問題に対してそれぞれ異なる戦略を採っていて、その戦略の差が、異なる形を生み出しているように思えます。[39]

4　茎の太さは何によって決まるのか？

「曲げ」に対して強くなる方法としてもうひとつ、ごく単純な解決策として「太くする」というものがあります。しかし、太くするためには材料が必要ですから、それ相応の見返りがなくてはなりません。逆にいうと、植物の茎や幹は、必要ぎりぎりの太さになっていると考えられます。しかも、植物は通常枝分かれをしていきますから、上のほうと下のほうでは必要な太さは大きく違うでしょう。

経験的には、ある植物について、枝についている葉の量と、その枝の元の部分の断面積を比べると、葉の量が2倍の枝では、断面積も約2倍になることが知られています。とすれば、2本の枝が合わさると、その下の枝の断面積は、上の2本の枝の断面積の合

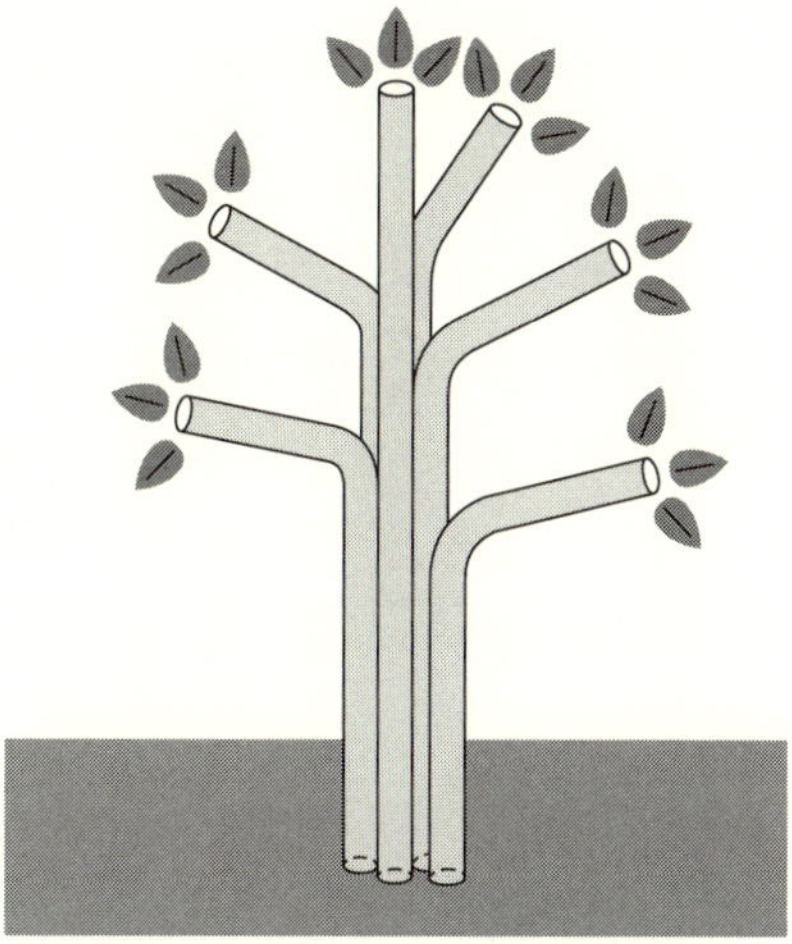

図5・6　パイプで表した枝と幹

計になることになります（図5・6）。枝分かれしても、合計した断面積は同じなのです。これは、直感的にはなんとなく理解できますね。では、この場合、なぜそうなるのでしょうか？

❖

ある量の葉に、導管や篩管によって水と栄養を送るためには、一定の断面積が必要だからなのかもしれません。もしくは、ある量の葉の重さを支えるためには一定の断面積が必要だからという可能性もあります。このどちらが正しいのかは、じつは

39　異なる2つの戦略は、同一の一定な環境で比べれば有利不利があるのかもしれませんが、実際の変動する環境では、残す子孫の数に大きな差をもたらすことはないのでしょう。

植物の種類によって異なるようです。

東京大学の舘野正樹先生のグループの研究によると、針葉樹では、導管の仕組みが広葉樹の場合と異なるので、幹の中を水が通りにくく、必要な水を通すことができる太さの幹をつくると、支えなければならない重さについては十分すぎる幹ができることがわかりました。つまり、幹の太さを決めているのは、水を通す必要性です。

一方で、広葉樹の場合は、幹の導管の中を水が通りやすいため[40]、枝と葉の重みを支えるのに必要な太さの幹をつくると、通す水の量については十分以上になります。つまり、広葉樹の場合には、幹の太さを決めているのは、力学的な必要性であることになります。

ただし、力学的な必要性については、単に「自分の重みでつぶれない」というだけでなく、「風が吹いたり、雪が積もったりしたときに折れない」ということも必要です。つまり、何かが起こったときにも対処できるように、少し余計に茎を太くしておく必要があるはずです。工学の世界では、ぎりぎりの必要性を1としたときに、この余裕分を加えた比率を、安全率もしくは安全係数と呼びます。この安全率は、その植物が生えている土地の気象条件によって大きく異なる値にする必要があるでしょう。また、どれだけ幹の中を水が通るのかも、温度、湿度、日照によって変化します。実際には、幹の太さを、水の通し方と枝の重さだけで単純に議論するのは危険かもしれません。

コラム　導管の中のミクロな形

形と機能の間に密接なかかわりがあるのは、大きな構造についてだけではありません。例えば、植物の導管の部分を顕微鏡で見ると、なにやらスプリングのようなものが見えます。導管の壁の一部が、螺旋状に厚くなっているために、スプリングのように見えるのです。これを見て、何か思い出さないでしょうか。まあ、人によって違うかもしれませんが、筆者が思い出すのは掃除機のホースです（図５・７）。そして、この本のコンセ

40　広葉樹のほうが導管の中を水が通りやすいのならば、針葉樹も同じように水が通りやすい導管を使うほうがよいのではないか、という疑問が浮かぶかもしれません。水を通しやすい導管は、厳しい冬の寒さにさらされると水を通すことができなくなることが知られていますので、それである程度説明できそうです。この場合、温度が多様性を生み出していることになります。

プト、形には意味があるという点からすると、導管と掃除機のホースには機能的な共通点があるはずです。その共通点とは何でしょうか？

❖

まず、共通点として思いつくのは、物を通すという点でしょう。導管は水を、掃除機は空気と埃を通します。しかし、物を通すだけなら、ガス管や水道管も同じですが、それらには特に螺旋構造は見られません。植物でいえば、篩管も光合成の産物などが溶けた篩管液を通しますが、特に螺旋構造はもっていません。つまり、螺旋構造の有無から、導管と掃除機のホースからなるグループと、水道管やガス管、篩管からなる

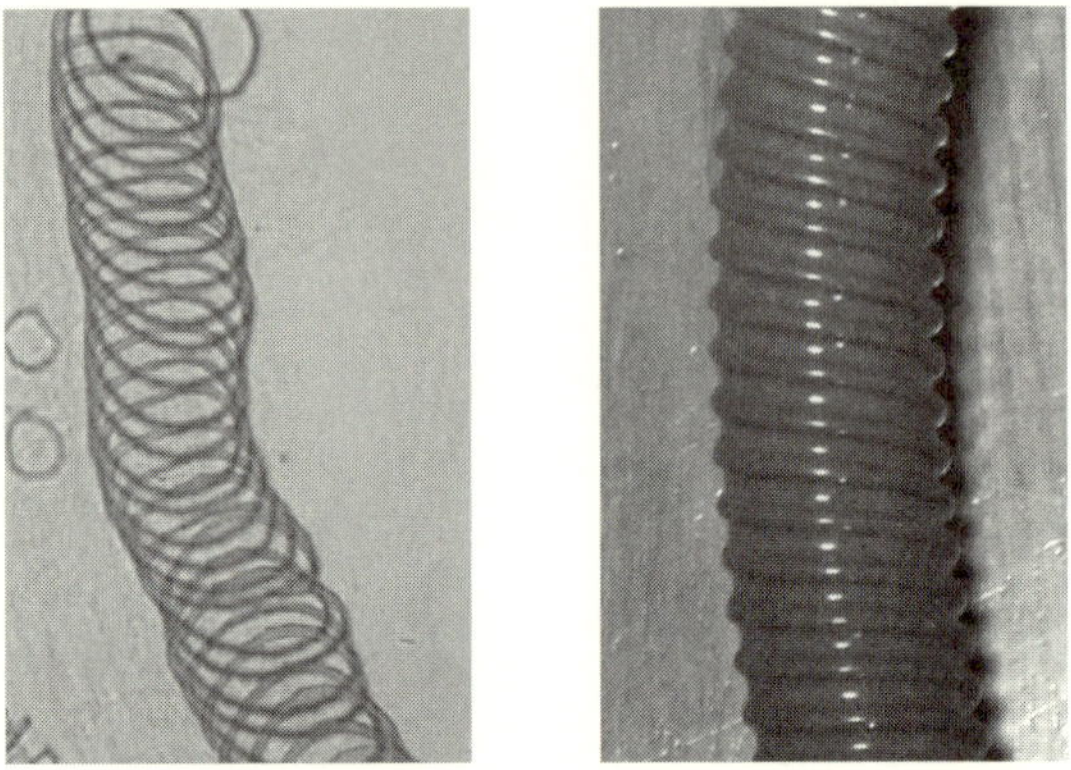

図５・７　導管と掃除機のホース
（導管の写真は鈴木健太氏（早稲田大学）撮影）

グループに分けられるのです。２つのグループの違いは何でしょうか。[41]

❖

掃除機のホースは、本体の側にモーターがあって空気を引っ張ります。それによってホースを通して空気が移動することになります。当然のことながらホースの中の圧力はその際に低くなります。導管の場合は、葉から水が蒸発することによって枝の先端で圧力が低くなり、それによって導管内部の導管液が引っ張り上げられることになります。この場合にも、導管内の圧力は大気圧よりも低くなります。やわらかいチューブで実験をしてみればすぐにわかりますが、中に息を吹き込んで圧力を高めることによって、息を通すことができたチューブであっても、息を吸い込んで圧力を低くして息を通そうとすると、つぶれてしまって息が通らなくなります。これは、たいていの物質で、引張り

41　このようなグループ分けは、非常にとっぴに思えるかもしれませんが、生物と無生物がごっちゃになったこのようなグループを比較することによって、その背景にある機能がよりはっきりと表れると筆者は信じています。

に対してよりも押しつぶしに対して弱いことによります。

ここであらためてガス管と水道管を考えてみましょう。これらの管では送り出す側でガスなり水なりに圧力をかけていますから、管の内部の圧力は大気圧よりも高くなっていて、管の壁には引っ張る力がかかります。一方で、導管と掃除機のホースでは、内部の圧力が低くなっていて、管の壁には押しつぶす力がはたらいているわけです。ですから、導管と掃除機のホースは、どちらもガス管や水道管と比べると頑丈につくっておく必要があり、そのための構造が、螺旋状の補強材なのでしょう。掃除機のメーカーの開発者が植物の導管の構造を知っていたかどうかはわかりませんが、この構造の類似は、同じ機能を追求した結果が形に表れたのだと思います。

第6章

根はなぜ
もじゃもじゃなのか

1　根の存在意義と形

植物の根を一言で形容するとしたら、やはり「もじゃもじゃ」でしょう。この章では、植物の根がなぜもじゃもじゃなのかを考えていきます。例によって、機能の面から考えていきましょう。ほとんどの植物の根がもじゃもじゃであるのならば、その背景には根の本質的な機能が隠れているはずです。その機能は何でしょうか？　そして、その機能は、なぜもじゃもじゃの根を必要とするのでしょうか？

❖

根の機能といえば、まず、水と栄養分の吸収でしょう。植物を一か所に固定するという機能もあるかもしれませんが、それはまた後で考えます。

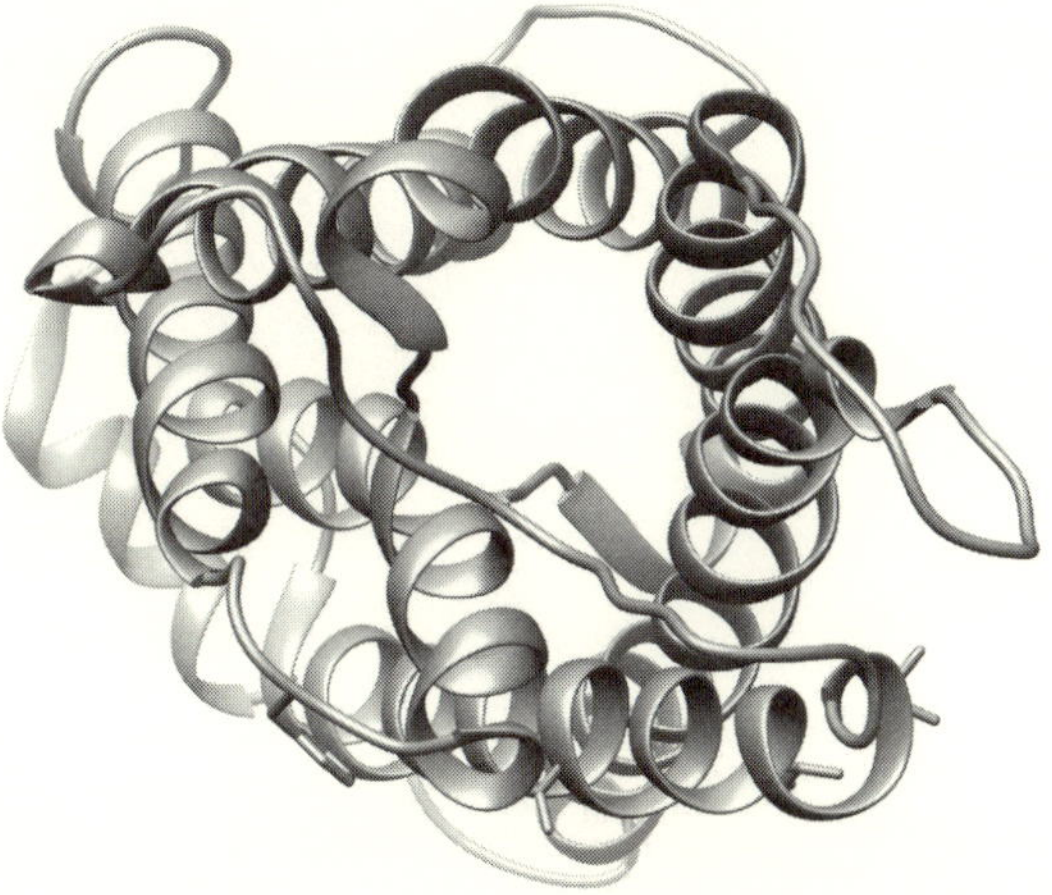

図６・１　水チャネルの構造

植物には食べ物を食べる口が存在しません。水や栄養分となるイオンは、細胞の表面から植物の体に吸収されます[42]。植物の細胞は、周囲を細胞膜が覆っていて、さらにその外側に細胞壁というしっかりした壁が存在していま す。細胞壁は、セルロースの繊維が主成分で、水を含むいろいろな物質をよく通します。一方で、細胞膜は、脂質が主成分ですから、基本的には水やイオンをあまり通しません。しかし脂質の膜には特殊なタンパク質が埋め込ま

42　とはいえ、動物が口から摂取した水や栄養分も、結局は腸などの細胞表面から吸収されるわけなので、この点は同じことなのかもしれません。

れていて、これが水分子やさまざまなイオンを細胞の中へと通します。

その際に、どのぐらいの速度で通すかを決めるひとつの要因は、その特殊なタンパク質の量です。水を通すものは水チャネルと呼ばれます（図6・1）。水チャネルのタンパク質は、いかにも何かを通す穴という形をしていて、その一部は、根からの水の吸収に役立っています。植物が乾燥にさらされて水を吸収する必要が増したときには、根の水チャネルの量を増やして対処すると考えられます。ただ、それはあくまで臨時の措置であって、基本的には根の量がもともと少なくては話になりません。

では、「根の量」が「多い」あるいは「少ない」というときに、体積や重さで比べてよいでしょうか。外界から物質を吸収する場合、どんな場合でも表面から取り込むしかありません。したがって、物質を吸収する速度は、その表面の面積に比例するはずで、体積は関係ありません。一方で、器官や細胞の体積は、その中の物質の量を表しているとともに、その中で進行しているさまざまな反応のために取り込む必要のある物質の量を示しているでしょう。ということは、同じ材料で吸収速度の大きな根をつくろうとしたら、体積あたりの表面積を大きくするのが一番です。

同じような状況は、表面で起こる反応、例えば触媒による排ガスの浄化などでも生じます。そのような場合にも、体積あたりの表面積を大きくする必要があります。触媒の反応を効率よく進めるためには、触媒を細かい粉末にするか、あるいは、スポンジのように多孔質にして表面積を大きくします。しかし、植物の根の場合は、ばらばらになっては困りますから粉末にはできませんし、土の中に新たにつくる必要がありますから、多孔質にするのも難しそうです。その点、細い線状の構造だったら、ある程度の表面積を確保できますし、ばらばらにもならず、さらに土の中に新たに伸ばすことも難しくないでしょう[43]。

ただし、1本の線をただただ伸ばした場合には、ものすごい長さが必要になる一方で、伸ばすポイントは先端一点だけになるので、効率がよくありません。そこで、枝分かれの必要が生じます。「でも、茎の場合には1本だけの植物があるわけだから、伸ばすポイントが先端一点だけでも問題は生じないのではないか？」と疑問をもつ人もいるかもしれません。至極もっともな疑問です。では、茎と根の違いは何なのでしょうか？

43　ここで、腸で栄養の吸収にはたらく絨毛（じゅうもう）という小さな突起を思い出した人もいるかもしれません。これも表面積を稼ぐ仕組みです。

茎と根では、必要とされる長さがまるで違うのです。草の場合、茎の高さは高くてもせいぜい2メートルぐらいでしょう。前にもふれたように、世界で最も高い木でも100メートルを超す程度です。地上から100メートルの上空に上がれば、地表とはまったく異なる環境になるでしょう。しかし、根が求めているのは、長さではありません。必要なのは広い表面積ですから、その程度では足りないのです。実際にアメリカの研究者が、ポットに植えたライ麦の地中の根の総延長を調べたら、数百キロメートルあったという論文が出ています。[44] となると、先端一点で伸ばしていくのは事実上不可能なことがわかると思います。これによって得られる肝心の表面積は、後で説明する根毛も含めて数百平方メートルにもなります。ポットに植えられた一本の植物が数百平方メートルの表面積を稼ぐには、もじゃもじゃにするしか手段がないのです。

同じもじゃもじゃの枝分かれといっても、主根が明確で、そこから側根が枝分かれしているタイプの根をもつ植物と、根元からたくさんの根が出ているように見える、いわゆる「ひげ根」タイプの根をもつ植物が知られています（図6・2）。中学校の理科で

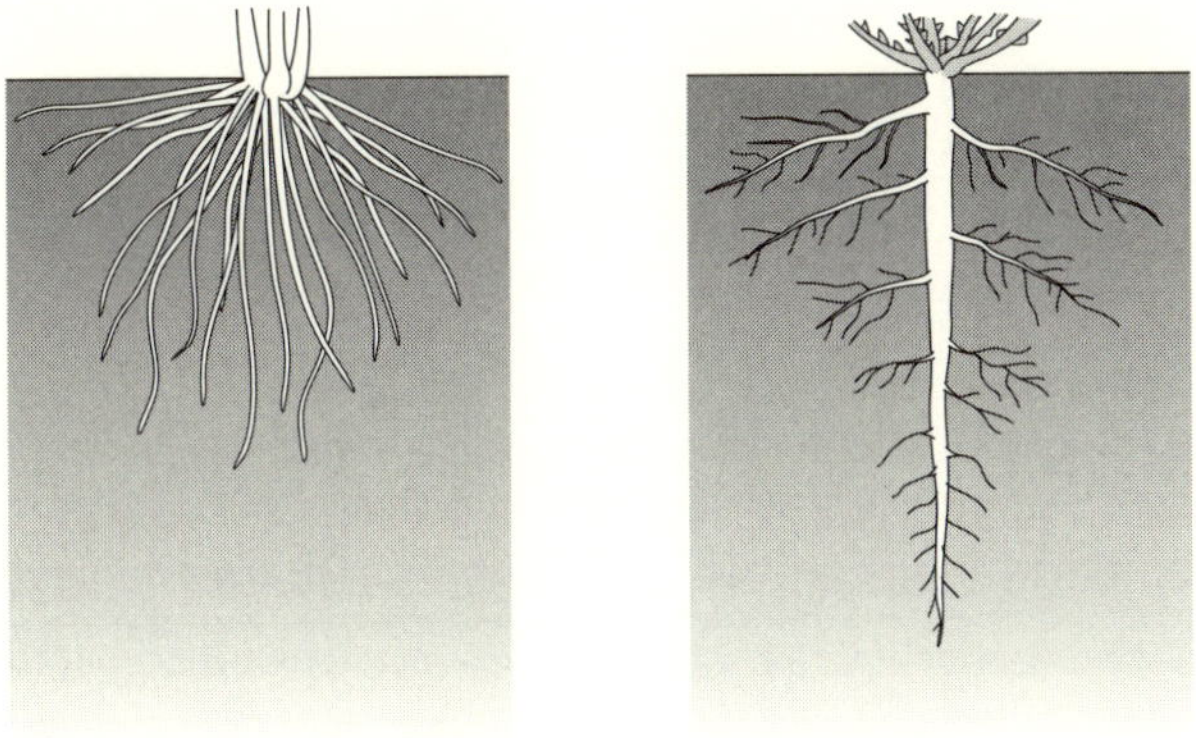

図6・2　ひげ根タイプ（左）と主根・側根タイプ

は、双子葉植物は主根・側根タイプで、単子葉植物はひげ根タイプということになっています。ただし、第3章のコラムでも触れましたが、現在では双子葉植物というまとまりは存在しないことが明らかになっています。それでも、単子葉植物はひとつのまとまりなので、単子葉植物にひげ根をもったものが多いということはいえると思います。このひげ根タイプと主根・側根タイプの違いは何によって生じるのでしょうか？

❖

44　「暇な人もいるもんだ」と思うかもしれませんが、アメリカの立派な学術誌に載っています。1937年のことです。

おそらくこの違いは、根がどこに何を求めるのかの違いなのだと思います。地面の下には土があるわけですが、その性質は一様ではありません。雨が降った場合に、水は比較的速やかに中へと染み込んでいくのに対して、乾くときは地表面から徐々に乾いていきます。通常は、土の表面が乾いていても、深く掘れば湿っているものです。水を求めようと思ったら、根を深く張ることが必要になります。

一方で、栄養として必要なイオンはどうでしょうか。植物にとって重要な窒素化合物やリン酸化合物のイオンは、他の生物の糞や遺体があると、それが大きな供給源になります。つまり、それらは基本的には地表からもたらされます。栄養となるイオンは、水とは逆に、地表面に近いところに多く、深くなるにつれて少なくなります。[45]

そのような場合、水の吸収が主目的であれば、根を深くまで伸ばせる主根／側根タイプの植物が有利でしょう。一方で、栄養となるイオンを吸収することが最重要であれば、地面近くにたくさんの根を広げることができるひげ根タイプのほうがよさそうに思えます。もちろん、どちらが主、どちらが従というのは、相対的なものです。水の吸収が重要になるといっても、水自体が少ない乾燥地の場合もあれば、地中に栄養が十分にあるために結果として相対的に水が生育を左右している場所の場合もあるでしょう。ここでも、そのような環境とのかかわりで、植物の根の形が多様化しているのではないかと推測することができます。ただし、これだけだと、単子葉植物でひげ根タイプが多い理由はよくわかりません。このあたりは、植物の進化の過程で単子葉植物が現れた道筋を反映しているのかもしれません。

コラム　コケの「根」

中学校の理科の教科書を見ると、「コケの仲間は、葉、茎、根の区別をもたない」と書いてあります。たしかに、地面にべとっと広がるゼニゴケなどは、茎をもたないようにも見えますが、スギゴケなどは、地面に入り込んだ「根」と光合成をする「葉」があり、

45　このような、「こちらが立てばあちらが立たず」という状態は、海の栄養と光の間でも見られます。海では、表面付近は光が強いけれども栄養が少なく、深いところは栄養が多いけれども光が弱くなります。

図６・３　コケの「茎」と「葉」

その間を垂直の「茎」がつないでいて、どう考えても葉と茎と根をもっています（図６・３）。結局「コケの仲間は、葉、茎、根の区別をもたない」というのは、むしろ約束上の問題です。コケは、シダや花を咲かせる植物と違って維管束をもたないために、通常の葉や茎、根とは構造が異なるので、そのように決めているにすぎません。

そこにこの本で見てきたような、機能から見る考え方、すなわち、光合成をするのが葉であり、葉を空間的に支えるのが茎であり、水とイオンを取り込むのが根である、という考え方をとり入れたらどうでしょう。スギゴケの葉のように見えるところは光合成を主に担っているからまさに葉ですし、茎のように見えるところは、その「葉」を空間的に支えているから茎です。しかし、根の部分だけは少し違います。コケの場合、水分の取り込みは根からだけでなく、「葉」や「茎」からも行なっていて、「根」の専売特許ではありません。その意味で、機能から考えた場合でも、コケの「根」に見える部分は、本来の根とはいえないことになります。

　では、このコケの「根」の役割は何かと考えると、地表に植物を固定することなのでしょう。植物体全体から水を吸収できるコケにも根が必要なのは、根の機能として、水分の取り込みだけでなく、植物体の固定もまた重要であることを示しています[46]。自分で動くことのできない植物が、一定の場所に固定されていなかったら、風などに吹かれて動くにつれて低い場所に移動して、最後はくぼ地に集まってしまうでしょうから、当然かもしれません。植物体を一か所に固定しない根をもつ植物としてはホテイアオイなどが思い浮かびます。水面に浮いているホテイアオイは、風に吹かれて移動したとしても、低いところに集まってしまう心配はありません。水面に浮いている場合には根で固定されていなくてもそれほど問題ではないのでしょう。

46　とすれば、コケの「根」はやはり根なのだといえるかもしれません。

2　根の枝分かれと根毛

根は、枝と違って土の中にありますから、自分の重みを支える必要はありません。しかし、やはりある量の物質を輸送しなければなりませんから、枝の場合と同じように、枝分かれをしても、足し合わせた断面積は枝分かれをする前の断面積と同じ程度にしておくのが便利そうです。基本的には、一本の根の断面積は、茎につながる部分で最も大きく、枝分かれをするにしたがって小さくなっていくはずです。その場合、体積あたりの表面積は、根の基部では小さく、先端にいくにしたがって大きくなります。とすると、水やイオンの吸収も、先端で主に行なわれると思って間違いないでしょう。では、その先端では根はどのぐらいまで細くなると思いますか？

❖

生物の基本単位は細胞ですから、根を原理的に一番細くしようとしたら、細胞1個からなる根をつくればよいことになります。実際に、そのように細胞1個からなる根が根毛です（図6・4）。根毛は、長さは数十マイクロメートル[47]から1ミリメートルに達する場合もありますが、直径は数マイクロメートル程度で、まさに細胞の大きさです。1本取り出して目の前に置いてもほとんど目に見えないぐらいの細さです。このように細いと、単に表面積が大きいだけでなく、土の小さな割れ目にも入り込むことができるという利点もあります。

では、このほとんど目に見えない

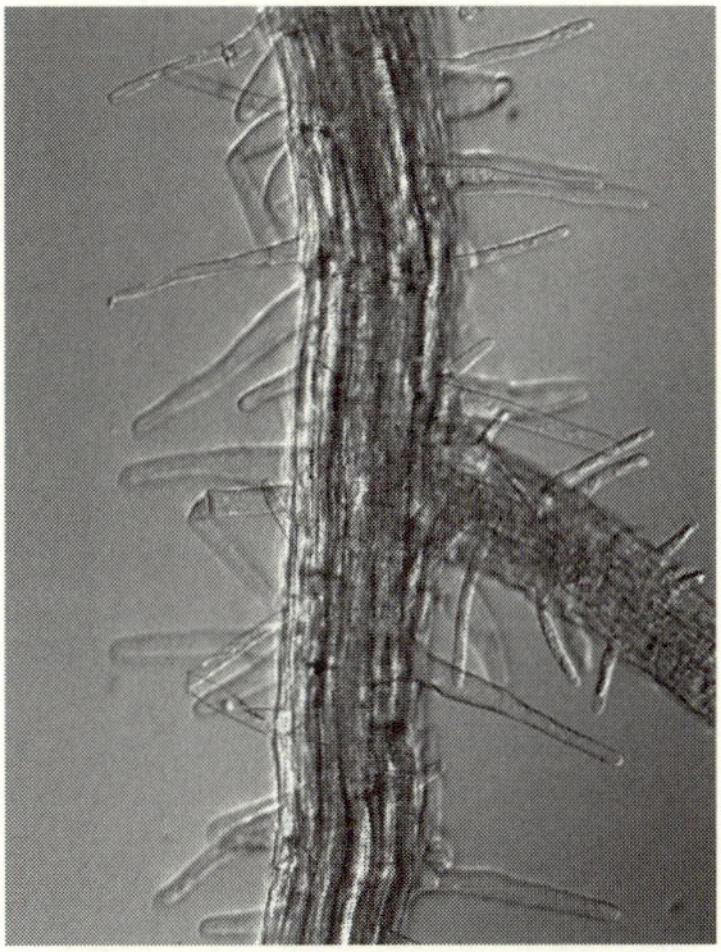

図6・4　根毛：富永基樹博士（早稲田大学）提供

47　1マイクロメートルは百万分の一メートルです。

根毛が合わさって少し太いものになり、さらにそれが合わさってもう少し太くなる、といった具合に枝分かれしているかと思うと、じつはそうではありません。細いといっても、十分に根であることが目に見える太さの根から、いきなり多数の根毛が生えているのです。これは、根毛のように細さを追求すると、物理的な強度を十分に保てないという理由があるのでしょう。実際に、根毛の寿命は短くて、長くても数週間、短いものでは数日で「枯れて」しまうといわれています。いわば極細の根毛は使い捨てであって、器官としての根とは別に考えるほうがよさそうです。

根は、その先端部分に位置する根端という部分で細胞が分裂して伸びていきます。分裂した細胞が一定の大きさに達する部分（これは根端から少し地上寄りになります）で根毛がつくられますが、寿命がくると枯れますから、根毛が見られるのは、根端から一定の距離の範囲だけということになります。そして、この範囲は、当然、根が伸びるにつれて根端とともに動いていきます。この根端に近い一定の範囲が、水やイオンの吸収という意味では、本来の根の役割を果たしている部分です。

根や根毛の目的は水やイオンの吸収ですから、水やイオンが不足しているときには、植物は根や根毛を増やして対処します。その極端な例として、リン酸が欠乏した土壌に

図6・5　クラスター根：M.Shane 博士撮影

生える植物に見られるクラスター根があります（図6・5、口絵9）。リン酸が欠乏した状態では、根から、根毛をもった側根を高密度に生やすので、1本の根がまるでリスのふさふさした尻尾のように見えます。[48] 身近には花壇などに植えられるルピナスの仲間にクラスター根をもつものがあります。ここまで形が変わる場合はそれほど多くはありませんが、植物全体に占める根の量は、植物が置かれた環境によって大きく変化します。土に含まれる水分を実験的に一定に調節するのは案外難しいのですが、水分が少ない環境では、水分を取り込むため

48　オーストラリアや南アフリカなどの古い地層では、岩石が風化してリン酸が欠乏している場所が多いので、クラスター根をもつ植物が多く見られます。

の根の割合を大きくすることは推測できると思います。では、同じ水分条件で、植物によりたくさんの光が当たるようにしたらどうなるでしょうか？

❖

光と根は関係がないようにも思えますが、この場合も、根の割合を増やします。光の量が多くなればどんどん光合成ができますが、その際に、水が十分に供給されないと、せっかくの光が無駄になります。そのような場合、葉を少し減らしてでも根を多くしたほうが得になるからなのでしょう。

コラム　草の根と木の根

草の根は一般に細いのに対して、木の根はかなり先のほうまで太くなっています。水や栄養の吸収という点からすると、細いほうが有利なはずです。とすると、木の根が太い理由は何でしょうか？

❖

草を木と比べたときに違うのは、その大きさと寿命でしょう。大きな木の幹をしっかりと支えるためには、十分な強度が必要でしょうから、それが木の根が太い理由のひとつでしょう。また、木は、場合によっては何十年、何百年と同じ根を使わなければならないでしょうから、その意味でも丈夫な太い根が必要になると考えられます。

しかし、その分、水や栄養の吸収は難しくなるはずです。実際に、木の葉の光合成は、草の葉の光合成に比べると低いことが多くて、その原因のひとつは、葉の材料のひとつである窒素イオンを根から十分に吸収できない点にあるのではないかと考えられます。

これを裏付けるために、東京大学の舘野正樹先生は、木の地上部の成長を、薬剤を使って抑えてみました。すると、根が大きくなるとともに、葉の光合成の能力が、草の光合成と同じぐらいにまで増加したのです。[49]

したがって、根の栄養吸収能力は、単に根だけの問題に留まらず、葉の光合成能力にも影響を与えていることになります。地中の根は通常目にふれることがあまりありませんが、そこでの根のはたらきが、葉がどれだけ光合成をするかまで決めているのです。

3　微生物と根の関係

植物の根を掘り起こしたときに、根がカビのようなものに覆われているのを見ることがあります。なにやら病気のようで気味が悪いのですが、じつは、目に見えるか見えないかは別として、ほとんどの植物は根の周りに菌根菌と呼ばれる微生物[50]を共生させていることが最近の研究によってわかってきました。共生というのは、読んで字の如く、共に生きることですから、お互いにとって相手の存在がプラスにはたらくような関係をいいます。それぞれのプラスとは何なのでしょうか？

49　ただし、この薬剤で処理した木の成長はひどいものだったそうです。自分の本来もっている能力を超えて何かしようとしても、なかなかうまくいかないということなのかもしれません。

50　キノコやカビ、酵母などと同じ菌類の仲間です。

植物にとってプラスになるのは、根の表面に取りついた菌根菌が吸収するリン酸などの栄養となるイオンです。根毛が細いという話をしましたが、これらの菌根菌の菌糸は、根毛のさらに数分の一の細さです。また、その長さも、根毛がせいぜい1ミリメートル程度なのに対して、菌糸はセンチメートル以上の単位になるので、土の中の広い範囲の栄養を植物に供給することができます。

菌根菌にとっては何がプラスかというと、植物から供給される有機物です。菌根菌はこの有機物をエネルギー源にすると考えられています。ただし、一部の植物では、共生ではなく、菌類への寄生である場合もあるようです。光合成をしない植物のなかには、菌類から一方的に栄養を奪って生活している例が知られています。

❖

では、逆に、植物に歓迎すべからざる微生物が入り込んで寄生する心配はないのでしょうか。葉の表面にはクチクラという強固な防御壁がありますが、根は表面から水やイオンを吸収しなくてはなりませんから、表面の細胞の細胞壁にクチクラを発達させることができません。しかし、表面のクチクラは発達していないものの、じつは根の内部にカスパリー線という防御ラインがあるのです。ここでは、細胞と細胞の間の細胞壁が比較的水をはじく有機化合物で裏打ちされていて、水や微生物が自由に通ることができないようになっています。根毛などから吸収された水も、カスパリー線のところまで来ると、いったん細胞の内部に入らなければ、中心にある維管束までたどり着けません。

ただ、その場合に気になるのは、結局防御壁をつくるのであれば、なぜ葉とは異なる方法を使うのだろうかという点です。葉では表面のクチクラ層を使う一方、根では内部のカスパリー線を使うのには、何か理由があるのでしょうか？

❖

これに関してひとつ考えられるのは、根の場合は菌根菌との共生が必要なので、根の表面に防御ラインを敷くことができなかったのではないか、という仮説です。防御ラインであるカスパリー線をクチクラに比べて内部に移動して設置することにより、カスパリー線よりも外側に微生物との共生ゾーンをつくっている[51]と考えると、うまく説明がつくと思うのですが、どうでしょうね。

コラム　微生物との共生も楽あれば苦あり

微生物を共生させて栄養を吸収するためには、何らかのかたちで微生物を呼び寄せる必要があります。そのために植物が使う物質のひとつがストリゴラクトンです。ストリゴラクトンは、植物の地上部の枝分かれにも関与する植物ホルモンの一種なのですが、地下部でも分泌されて、それをシグナルとして認識した菌根菌が、根への共生を開始するようになっています。

植物と菌根菌の場合は、いわば相思相愛なのでよいのですが、その陰には、植物の根に寄生する機会を虎視眈々と狙っている植物がいます。ストライガは、ハマウツボ科[52]の植物で、可憐な花を咲かせる見かけは清楚な植物ですが、トウモロコシやイネなどに寄生して、農業に甚大な被害を与えます（図6・6、口絵10）。

図6・6　寄生植物ストライガ：吉田聡子博士、白須賢博士（理化学研究所）提供

　このストライガは、宿主であるトウモロコシなどの根に寄生するために、宿主の根が近くにあるときに発芽する必要があります。そのためのシグナルとして、じつはストリゴラクトンを使っているのです。宿主になる植物が、菌根菌を共生させようとしてストリゴラクトンを分泌すると、寄生植物のストライガまでいっしょに呼び寄せてしまうわけです。ストライガ

51　インターネットの世界では、社内ネットワークのなかでもWEBサーバなど外部に公開しなければならない部分はDMZ（DeMilitarized Zone、直訳すると非武装地帯）と呼ばれる中間の領域に置いて、内部とはファイアウォールで隔てています。根もちょうど同じような感じですね。

52　以前はゴマノハグサ科に分類されていました。

の側からすれば、植物が菌根菌を呼び寄せるために居場所を明らかにしたのに乗じて寄生することになります。

ストライガとストリゴラクトン[53]という名前からわかるように、じつは、ストリゴラクトンは、最初はストライガの発芽を促進する物質として見つかりました。その後に、植物自身の枝分かれの抑制にも働いていることがわかったのです。では、枝分かれと菌根菌の共生の両方に、なぜ同じ物質がはたらくのでしょうか。

❖

ひとつ考えられるのは、菌根菌との共生を促進すれば栄養となるイオンの根からの吸収を増やすことができ、枝分かれを抑制して地上部を小さくすれば吸収した栄養の葉における消費を抑えることができますから、どちらも同じ「栄養となるイオンの不足」という事態に対する応答として有効という説明です。同じ事態に対処するために同じ合図を使うのは、理にかなっているでしょう。これも実験的に証明するのは難しそうですが、考え方としては十分に成り立ちそうです。

4　窒素固定をめぐる共生

根の特徴的な形としては、もうひとつ根粒が有名です。根粒は、主にマメ科の植物に見られるもので、根のところどころに丸い粒がついたような形をしています（図6・7、口絵11）。この根粒も、微生物との共生によってつくられるものですが、こちらは菌類ではなく、空気中の窒素分子を生物が利用できる形に変える働き（窒素固定）をもつ細菌[54]（根粒菌）が共生しています。

53　ラクトンというのは、酸素が2個入った環状の化合物の名前です。ですからストリゴラクトンというのは、ストライガのラクトンという意味ですね。

54　菌類は核をもつ真核生物、細菌は核をもたない原核生物で、まったく別物です。恥ずかしながら筆者は学生時代にその区別を知らずに、「それで生物学を研究しようというのか」と思いっきり馬鹿にされたのを今でも覚えています。

窒素はタンパク質の材料ですから、植物にとって欠かすことのできないものです。しかし、二酸化炭素と水を原料に光合成によって得ることができる炭素や水素、酸素とは違い、基本的には土壌から吸収しなくてはなりません。空気の8割は窒素分子が占めていますから、これが使えれば問題は一挙に解決すると思う人もいるかと思いますが、これはなかなか至難の業です。なぜなら、空気中の窒素分子は非常に安定なので、植物や動物は、窒素分子を生物が使える形に変えることができないのです。ところが、細菌のなかには、特殊な酵素(ニトロゲナーゼ)をもっていて、そのはたらきによって窒素分子を生物が利用できる形に変えられる、つまり窒素固定ができるものがいるのです。根粒菌はまさにそのような性質をもっています。

図6・7　根にできた根粒：安田美智子博士（東京農工大学）撮影

植物にとっては、事実上無尽蔵にある空気から根粒菌が窒素を取り込んで利用できる形にしてくれれば、苦労して根からわざわざ限られた窒素を吸収する必要がありません。一方で、植物からは、これも事実上無尽蔵にある水と空気から光合成によってつくった有機物を根粒菌に与えればよいわけです。まさに、持ちつ持たれつの共生関係が成立します。

では、わざわざ根粒という粒状の構造をつくる理由は何でしょうか？　また、それ以前に、空気を原料にするのであれば、なぜ土の中の根を使うのでしょうか？　これは、先ほどの窒素分子を反応させるニトロゲナーゼという酵素の性質によるものです。この酵素は、じつは酸素に非常に弱いのです。酸素を含む普通の空気に触れると、すぐに壊れてしまいます。ここまでくれば、根粒という特別な構造を根につくる理由がわかったのではないでしょうか？

❖

ニトロゲナーゼが酸素に弱いので、根粒という厚い壁に囲まれた構造をつくって、外の酸素を含む空気から根粒菌を遮断して、酸素の少ない条件下で窒素固定ができるようにしているのです。そうすると、葉につくらない理由も明らかでしょう。葉では光合成によって酸素が生じますから、ニトロゲナーゼを置いておく場所としては最悪です。酸素の濃度が低めの場所として根が選ばれているのでしょう。土の中は、土壌生物などが呼吸によって酸素を吸収しますから、たいてい空気中よりも酸素の濃度が低くなっているものです。

根粒には、厚い壁をつくるだけではなく、いくつかの工夫が凝らされています。ひとつは、根粒の内部で呼吸を盛んにすることです。呼吸は酸素を消費する反応ですから、呼吸が盛んになれば酸素の濃度を減らすことができます。また、それでも何かの理由で一時的に酸素の濃度が上がってしまったときの用心に、根粒の内部に、レグヘモグロビン[55]という、酸素を吸着するタンパク質をたくさんもっています。ヒトの血液の赤血球の中で酸素を運搬する役割を担うタンパク質にヘモグロビンがありますが、レグヘモグロビンは、これと同様に鉄と結合していて赤い色をしているので、根粒を切って断面を見ると、赤みのある色に見えます（図6・8、口絵11）。細菌は、根粒の中にバクテロイドという塊をつくって入っています。

ここまでくれば、根粒が、例えばべたっと根を覆うのではなく、粒状（球形）をしている理由がわかりますか？

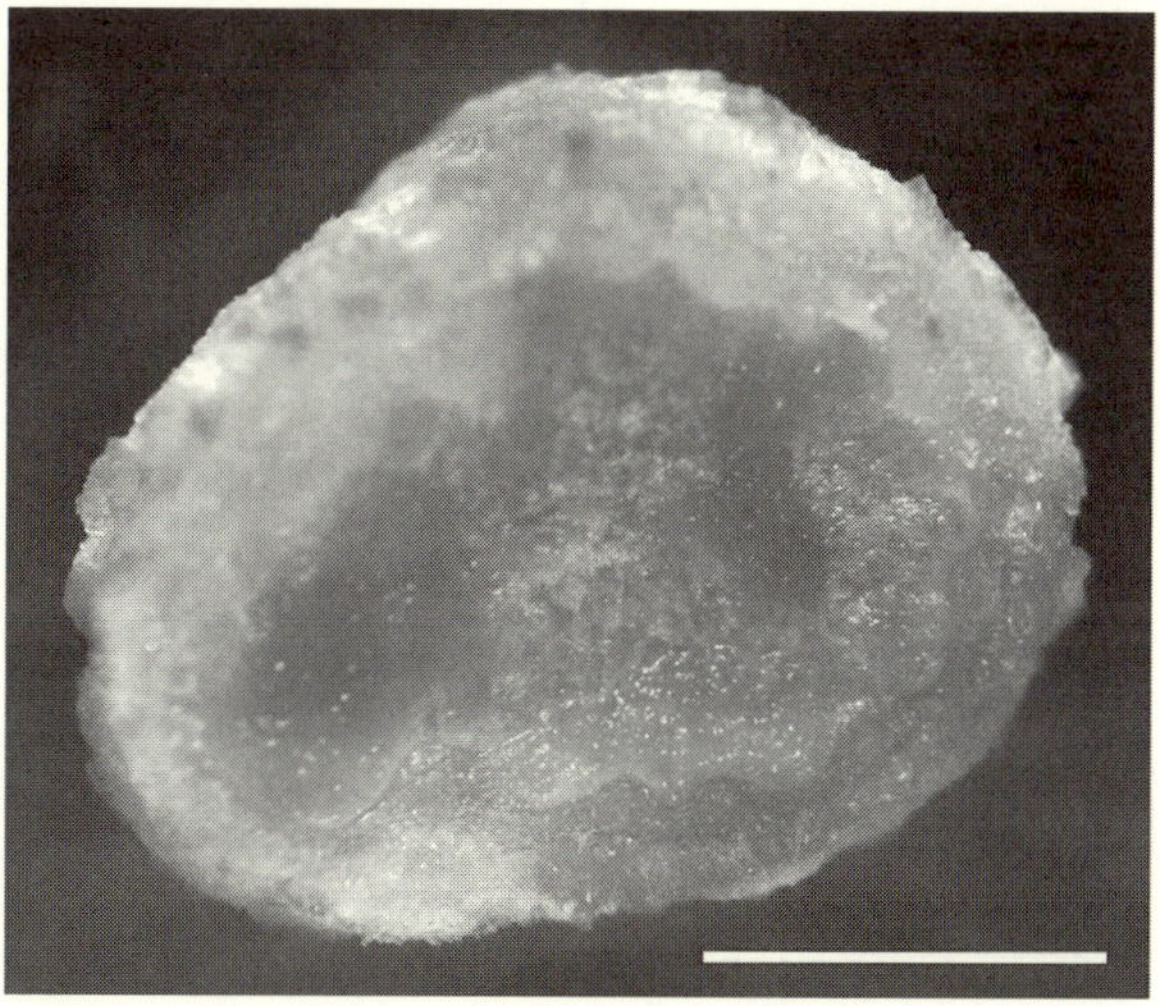
図6・8　根粒の断面：安田美智子博士（東京農工大学）撮影

❖

すでに説明したように、球は、体積に比べて表面積が一番小さな形です。根は表面積を大きくする必要がある器官だったのに対して、根粒は、外界からの酸素の取り込みを最小にしたいわけですから、表面積を最小にする形、すなわち球にするのが最も適切なわけです。その場合、窒素の取り込みも少なくなってしまうのが気になりますが、空気の約8割が窒素であることと、窒素固定の反応に必要な窒素の量を考え

55　マメ科の植物を英語でlegumeといいますから、レグヘモグロビンは、マメのヘモグロビンという意味ですね。

ると、実際には根粒の中で窒素が足りなくなることはないのでしょう。

コラム　根粒菌をめぐるセキュリティーシステム

根粒菌が植物に最初に取り込まれる過程を「感染」といいますが、これは、人の病気の感染とは違って、いわば、あらかじめ決められた合言葉を使う、双方向のやり取りです。

まず、植物の根はフラボノイドという物質を合成して分泌します。根粒菌は、そのフラボノイドを「感じて」、必要な植物の根が近くにあることを検知すると、Nodファクター[56]というオリゴ糖[57]の一種を合成します。この物質が今度は植物にはたらきかけて、根粒菌を植物体内に取り込む過程を誘導することになります。実際には、その後も、いくつかの厳密なやり取りが必要ですから、単純な「山」「川」といった合言葉ではなく、何重にもガードがかかったセキュリティーシステムという感じです。

そのような高いセキュリティーは、当然ながら部外者を排除するためにあります。実際、一口にマメ科植物と根粒菌といっても、特定の種のマメ科植物には、特定の種の根粒菌しか感染しません。そのような一対一の関係は、セキュリティーシステムにおいて、それぞれの植物と根粒菌のペアが別の合言葉、例えば少し構造の違うNodファクターを使うことによって成立します。では、なぜ、そのような高いセキュリティーが要求されるのでしょうか？

❖

それは、セキュリティーが甘いと、根粒菌の代わりに、窒素固定はしないで、有機物の横取りだけするような細菌が入り込む可能性があるからでしょう。そこまで厳密にしなくても、マメ科植物の他の種に共生する根粒菌ぐらい入れてやってもよいのではと感

56　nod は根粒の英語 nodule に由来します。
57　oligos はギリシャ語で少数の意味で、オリゴ糖は少数の糖がつなぎ合わさった物質です。

じられますが、実際にそこを甘くすると、根粒菌に仮装した横取り細菌の侵入を許してしまうかもしれません。相手を厳密に限ってしまうとそもそも相手が見つからない、という状況でなければ、セキュリティーが高いに越したことはないのでしょう。

5 根の多様性

根が、基本的な機能である、土壌からの水と栄養の吸収以外の機能を担う場合には、根粒のようにその形が大きく変化します。逆にいえば、妙な形をした根を見つけたら、それは特殊な機能をもっている根である可能性があります。そこで、この章の最後は、形がおかしな根を見ていきましょう。

ラクウショウは、漢字だと落羽松と書きます。葉が羽のような形をした複葉で、谷筋

ヤエヤマヒルギの支柱根

オヒルギの膝根

ラクウショウの呼吸根

図６・９　さまざまな根 ①

などに生える落葉樹の大木です。このラクウショウのそばの地面には、鍾乳石のような形のものがたくさん突き出ています。[58] これはラクウショウの呼吸根（気根、形から膝根とも）で、地中で普通の根につながっています（図６・９、口絵12）。

川沿いの低湿地などでは、土が水をかぶって、土壌中の隙間に空気がなくなり、根が呼吸できなくなることがあります。そのような場合に、呼吸根の部分が空気の供給に役立つといわれています。同じような呼吸根は、熱帯から亜熱帯に見られるマングローブを構成

58　写真のラクウショウは新宿御苑で撮影したもので、ここでは見事に発達した呼吸根を見ることができます。

する樹種のひとつオヒルギでも見られます。このオヒルギの呼吸根は、本当に膝のような形をしています。

同じくマングローブの構成樹種のひとつヤエヤマヒルギは、支柱根と呼ばれる根が、中心の幹を周りからサポートするように生えています。これも、呼吸根としての役割をある程度もつのでしょうが、いかにも物理的に幹を支えるための形をしています。マングローブは満潮になると水没する河口に堆積した柔らかい土壌に成立しますから、そのような不安定な条件で幹をしっかりと維持するためにも支柱根が役立っているのではないかと想像できます。ヤエヤマヒルギの支柱根は幹から一度ほぼ直角に出て、緩やかなカーブを描いて地面を目指しています。

一方、やはり亜熱帯地域に多く見られるタコノキは、幹から直線的に地面に向かって支柱根が伸びます（図6・10、口絵13）。名前の由来であるタコの足の8本に比べて、たいていもっと多い本数の支柱根を生やしています。同じ支柱根でも形が違う理由は何でしょうか？

❖

タコノキの支柱根

サキシマスオオノキの板根
：梶田忠博士（琉球大学）撮影

図６・10　さまざまな根②

カーブのついた支柱根と直線的な支柱根のどちらがどのような環境で有利になるか、これは難しい問題です。考えられる可能性としては、支柱根が生じる幹の高さと、その支柱根がどの程度幹から離れたところで地面に入るのかの関係が効いているのかもしれません。カーブのついた支柱根では、低い位置から支柱根を出しても遠くの地面まで届きますから、より安定するはずです。ヤエヤマヒルギは背の低いときにも支柱を必要としているのに対して、タコノキは背が高くなるにつれて支柱を必要とするようになると考えると、説明がつくように思います。

支柱根は、樹木だけでなく、草にも見られます。トウモロコシは、茎の地面の近くから根を出します。これは、樹木の支柱根のように目立つものではありませんが、やはり茎の倒れにくさに寄与していると考えられています。

沖縄地方に分布するサキシマスオウノキは、20メートルぐらいの高さの大きな木です。その根元を見ると、ひだのようなものが四方に伸びています。これは板根と呼ばれ、ちょうどロケットの尾翼がうねったような形[59]です（図6・10、口絵13）。これも、気根としての役割があるのかもしれませんが、構造からすると、物理的な支持の役割が大きそうです。土壌が浅くて、深く根を張れないような場所では、幹が倒れないように板根を発達させるといわれています。

支柱根や板根は、基本的には本来の根の近くから出ているものですが、不定根といって、地面から遠く離れた茎などから直接根が出る場合もあります。ツタの付着根は、文字通り茎を壁面などに固定するのに役立っています（図6・11、口絵14）。また、幹から気根が垂れ下がる場合もあります。

もうひとつ特殊化した根の例としては貯蔵根が挙げられます。一番身近なのはサツマイモでしょう。根の一部が肥大化して、その中にデンプンが溜められます。ただ、サツ

図6・11　さまざまな根③

マイモのように肥大化したものでなくても、もともと根は、ある程度貯蔵器官としての役割を果たします。冬に根を残して地上部が枯れる宿根草は、特に肥大化していなくても、根に栄養が貯蔵されて冬を越します。栽培されているサツマイモは、人間が育種により大きくなるものを選抜してきたはずですから、自然の環境のなかで必要とされる以上に肥大化している可能性は十分にあります。

　こうしてみると、これらの特殊化した根

59　気根としての役割のためだとしても、物理的な支持のためだとしても、うねる必要性はどうしても思いつきませんでした。皆さんで考えてみてください。

の場合でも、土の中の通常の根とそれほど大きな形態的な変化はないように見えます。板根の場合がやや特殊なぐらいでしょうか。根の基本的な機能として水分と栄養の吸収があり、そのために必要な形態は、呼吸根としての酸素の吸収の場合とそれほど変わらない、という理由がありそうです。同様に、土壌へ植物体を固定することや栄養の貯蔵も、根の基本的な役割のひとつですから、支柱根や板根による物理的なサポートも、付着根による壁面への固着も、貯蔵根における肥大化も、基本的な根の役割の一環として捉えるべきなのかもしれません。

第7章

花の色と形の多様性

1 花に普遍的な特徴は？

この章では、植物の花の形を考えてみましょう。植物の形といえば、普通は花から入るのが常識[60]で、植物図鑑を見ても、花の写真が重要な位置を占めています。それは単に花が目立つからだけではなく、花の形や色は、植物の種類によってそれぞれ明確に違っていて、分類にあたっての基準となるからです。つまり、多様性に富んでいるからこそ図鑑などで重要視されるわけです。

一方で、この本のように形を機能から考えようとした場合には、本質的な機能によって決まる普遍性が重要になります。むしろ形があまりにも多様だと、それによって普遍性が覆い隠されてしまいがちです。そのような難しさもあって、この本では、より地味な葉や茎、根を先に取り上げて、文字通り花形である花を後回しにしました。

では、さまざまな種類の植物の多種多様な花のなかで、普遍的な特徴は何でしょうか？

花びら（花弁）の形や色は、植物によってさまざまですが、花びらをもっているということ自体は、多くの植物に共通です。きれいな花をつける植物の多く（これらは主に被子植物と呼ばれる仲間です）は、花弁と萼《がく》、めしべ、おしべをもっています。めしべの基には、やがて種子になる部分である胚珠《はいしゅ》があり、おしべの先端には花粉を含んだ袋である葯《やく》があります（図７・１）。

❖

一方で、マツやスギといった裸子植物と呼ばれるグループの花には、そもそも花弁がありません。ただし、それをいうなら、裸子植物の花は、一般的なイメージの花とはずいぶん違います。マツの場合は、枝先につく松ぼっくりのミニチュア版のようなものが花で、枝の先端の雌花と、少し根元よりの雄花の２種類があります。雌花は、胚珠が

60　中学校１年の理科で最初に習うのはたいてい花です。動物が専門のさる先生は、「生殖器官は秘すべきものと相場が決まっているのに、何で植物は最初に生殖器官をもってくるんだ」とおっしゃっていました。世阿弥は「秘すれば花なり」といいましたが、元から花なら、隠す必要がないのかもしれません。

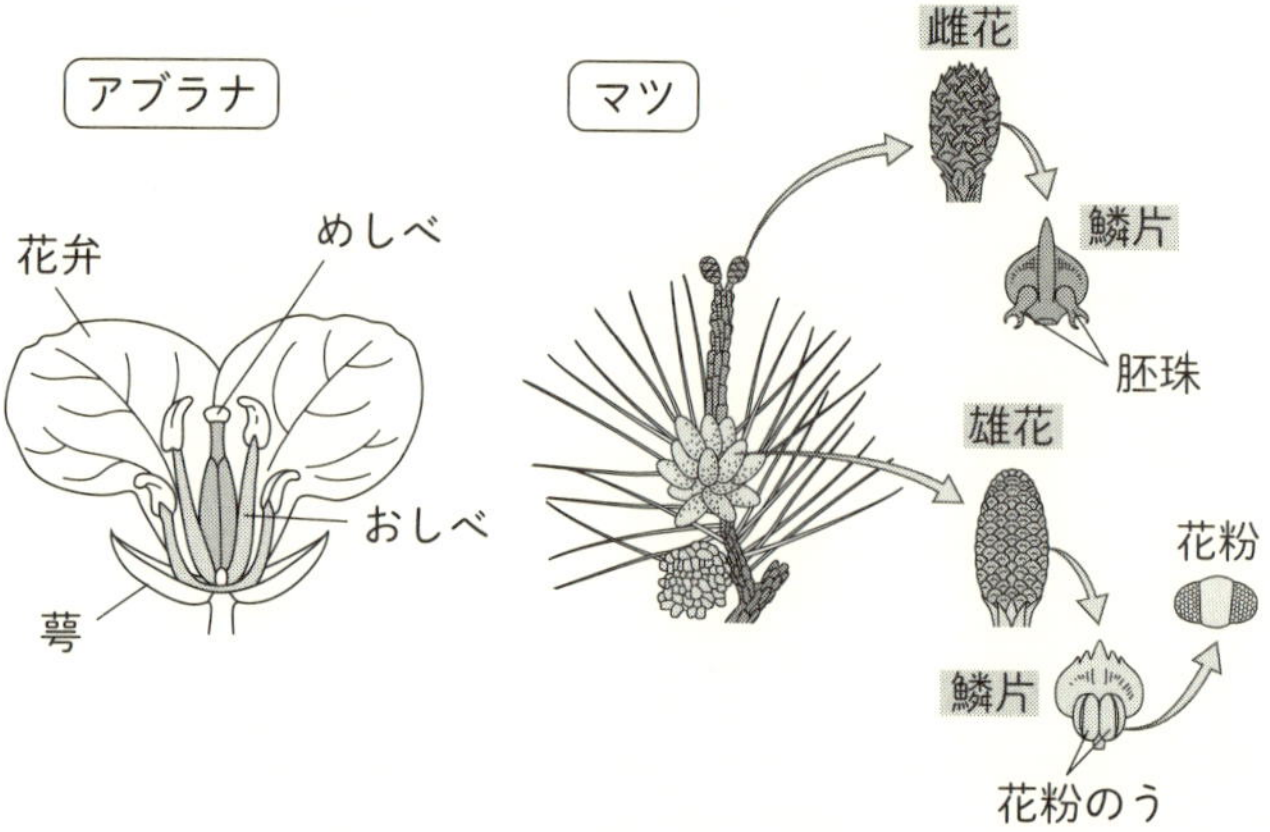

図７・１　被子植物と裸子植物の花

くっついた鱗片《りんぺん》が重なってできていて、雄花は、花粉を含んだ袋がくっついた鱗片が重なってできています。

と説明したところでいうのもなんですが、以上のようなぐちゃぐちゃした説明が筆者自身は苦手で、中学・高校の頃は生物よりも物理や化学[61]のほうが好きでした。そこで、何とかもっとシンプルに考えてみましょう。

普遍性を考えるのであれば、先の説明のなかで重要な部分は胚珠と花粉の２つだけです。被子植物と裸子植物が共通にもっているものは、胚珠と花粉の２つなので、花の本質的な機能は、その２つのなかにあるはずです。残りのうち、花弁は、身の回りでよく目につく被子植物では普遍的に見られます。[62] つまり、花弁は何らかの理由で、被子植物の花にとっては本質的なのだろうと推測できるわけです。

そこで、まず、被子植物と裸子植物に共通な胚珠と花粉の役割を考えてみましょう。といっても、それはそれこそ中学・高校で習いますから皆さんおわかりですよね。花粉が胚珠に達すると、種子ができるわけです。「そんな回りくどい説明をしなくても、花が咲いたら実ができることぐらい、小学生でも知っているぞ」という読者の憤りの声が聞こえてきそうですが、ここで強調したいのは、「花の役目は種子をつくることである」という事実ではありません。その事実を「形の普遍性」から考えることができるという点なのです。

そして、もう一点考えるポイントがあります。花粉が胚珠に達することが重要なので

61　物理はともかく、化学もぐちゃぐちゃしているじゃないかという指摘もあります。たしかに、物理や数学に比べると、化学は個別論が多くて生物と大差ないかもしれません。このあたりは、個人の好き嫌いの問題かもしれませんね。

62　これは話が逆で、花弁をもっているからこそ身の回りで目につくのだ、という考え方もできるでしょう。

あれば、普通は、花粉を胚珠のそばにつくりそうなものです。しかし、被子植物の場合は、花粉をおしべに、胚珠をめしべにと別の場所に配置しています。裸子植物のマツの場合も同じで、花粉は雄花に、胚珠は雌花に、こちらは別の花に配置しています。つまり、普遍性は、物だけにあるのではなく、物の配置にも見られることがわかります。普遍性が見られる以上、そこには何らかの本質的な機能が隠れているはずです。なぜ、花粉と胚珠を離して配置するのでしょうか？

❖

花粉と胚珠を離して配置している以上、花粉がそのまま胚珠に届かないように「わざと」していると考えられます。その理由としてぱっと思いつくのは、花粉が何らかの変化を受けた後、胚珠に届くことが必要である、もしくは、別の花からの花粉が胚珠に届くことが期待されている、といったところでしょう。花粉が変化を受ける可能性も否定できませんが、皆さんもご存じのように、昆虫などが花粉を運ぶ例はよく知られていますから、同じ花ではなく別の花の花粉が、胚珠に届くことが求められているのだと考えてよいでしょう。なぜ、別の花の花粉が必要なのかは、７・４節で考えます。

２　花粉の散布と花粉の形

ある花の花粉が、別の花の胚珠に届くためには、何らかの輸送手段が必要です。そして、その輸送手段が花の形を決めているといってもよいでしょう。多くの被子植物が目立つ形の花をつけるのに対して、裸子植物のマツやスギの花はぱっとしません。これは、なぜでしょうか？

❖

マツやスギの花粉が風によって散布されることは、スギの花粉症を考えればわかるでしょう。いくら目立つきれいな花をつけても、風が相手では役に立ちませんから、基本

図7・2　シマスズメノヒエ（イネ科）の花

図7・3　ツバキの花

的に風によって花粉が運ばれる風媒花《ふうばいか》は、たいてい目立たない花をつけます。被子植物にも風媒花はたくさんあります。例えばイネ科の植物の花はおおむね地味で[63]、たいてい風媒花です。図７・２（口絵15）はシマスズメノヒエの花ですが、花というよりは果実に見えます。それでも、黒っぽいめしべとおしべが外に出ているのが見えるでしょう。

一方で、きれいな花の多くは虫媒花です。昆虫が蜜を目当てに集まって、その際に花粉を運ぶことは皆さんご存じでしょう。ただ、ツバキのように冬に咲く花の場合、ちゃんと虫が集まるのか心配です。ところがうまくしたもので、ツバキは鳥媒花で、よくメジロが蜜を吸いに来て、顔を花粉で黄色くしている様子を見ることがあります（図７・３）。鳥ならば冬にもそこらにいるわけです。熱帯地方では、ハチドリが花粉を媒介する例が詳しく調べられていて、鳥媒花もそれほど珍しいものではありません。

花粉の散布の方法には、もうひとつ水媒花があります。あまり耳慣れないかもしれ

63　その意味では、日本人にはおなじみのイネそのものの場合も、花は地味です。というか、「どれがイネの花なんだ？」と思った方もいるかもしれません。イネの花の場合もシマスズメノヒエ同様、実である籾（もみ）とほとんど区別がつきません。

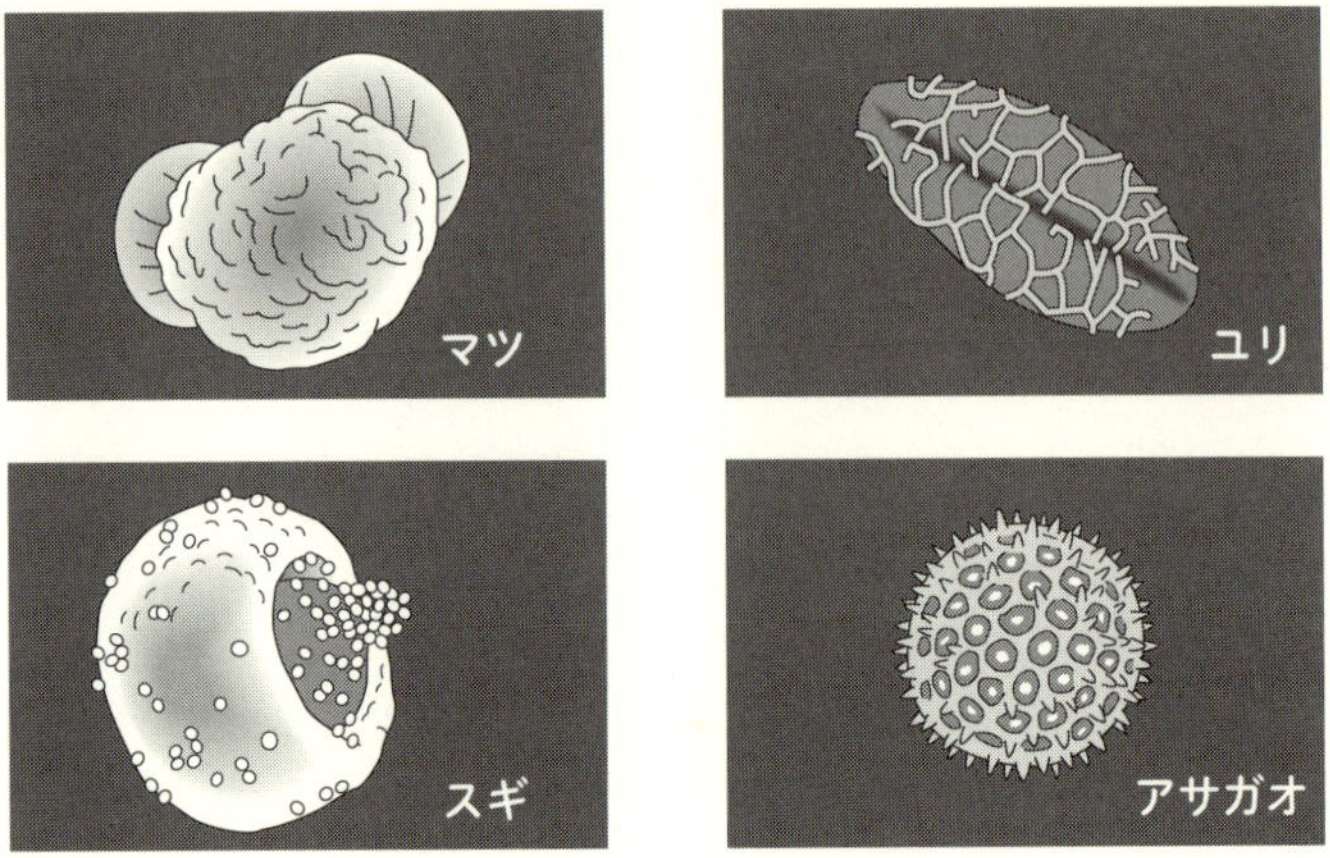

図7・4　いろいろな花粉

ませんが、植物体全体が水中にある水草によく見られる送粉方法です。風媒花のように、水の中を花粉が漂う場合（水中媒）と、花粉もしくは花粉をもった雄花が水面を移動する場合（水面媒）があります。

花粉は、その散布方法だけではなく、花粉自体の形も多様です。花粉は小さくて、肉眼ではまさに粉のようにしか見えないのですが、顕微鏡などで拡大すると、植物の種によって大きく違うことがわかります（図7・4）。この形の違いを使って、古代の遺跡などに残された花粉だけから、古代人が利用していた植物の種類を推定できるほどです。
　このような多様性は、それぞれの植物の置かれた環境を反映しているはずです。実際に、風媒や虫媒、水中媒、水面媒といった花粉の移動方法によって、それぞれのグループのなかでは花粉の形にある程度の共通性が見られます。それぞれのグループの花粉がどのような特徴をもつか、想像できますか？

❖

　例えば、風媒花の花粉は、表面が滑らかでさらさらしていて、マツの仲間の花粉などは空気袋[64]をもち、いかにも風に運ばれやすい雰囲気をもっています。一方、虫媒花の花粉は、凹凸があってべたべたしています。これは、虫にくっつきやすくてはならないことを考えると納得できます。これらに対して水中媒花の花粉は、外側の膜（外膜）

64　ただし、この空気袋は、むしろ受粉の際に重要な役割を果たしているという説もあります。

をもたないものが多いと報告されています。外膜は花粉を乾燥などから守るためにあると考えれば、水中媒の植物の花粉が外膜をもたないことをよく説明できます。最後に水面媒花の花粉ですが、これは表面に細かい突起がたくさんあります。おそらくは、この突起の間に空気が保持されて水に浮くのでしょう。

それぞれの植物の花粉は、このようなミクロな形態を変えることによって、それぞれの環境に適した花粉の散布方法を実現していることがわかります。

3 昆虫との共進化

花の形に話を戻しましょう。花の普遍性が花粉と胚珠にあるとすれば、被子植物の花の多様性はやはり花弁に尽きるでしょう。そして、その多様性が虫媒花において特に見られるとすると、その背景には昆虫との関係が潜んでいることがうかがえます。植物は蜜を提供し、お返しに昆虫は花粉を運搬する。これが、植物と昆虫の基本的な共生関係です。前の章では、植物と根粒菌の共生関係を取り上げました。両者の共生を成り立たせる際には厳密なセキュリティーシステムが存在していて、一方的なただ乗りを避けていたのでした。同様なただ乗りの危険性は、植物と昆虫の間にも存在します。

例えば、蜜で昆虫をおびき寄せて、昆虫が顔を花に差し込んだときに、花粉をそこにくっつけて運んでもらう花があったとします。そこに、顔を差し込まずに細長い口吻《こうふん》を伸ばして蜜を吸う昆虫が現れたとすると、この昆虫は蜜だけをただ取りすることができます。そこで、花を深く筒状にして口吻が届かないようにすれば、植物はそのようなただ乗り昆虫を排除することができます[65]。

さて、そのような場合、昆虫の側もさらに口吻を伸ばして対抗することが考えられます。このような、相手がやるならこっちもやり返すという、一種の軍拡競争が起きると、

65　花を深く筒状にした植物が変異によって生じれば、そうでない植物に比べてただ取りを避けられるため、より多くの子孫を残します。結果的に筒状の花をもつ植物が増えるわけです。やや擬人的な表現になったので、念のために注意しておきます。

花の形（と昆虫の形）はどんどん特殊化していきます。これとは反対に、花粉をきわめて効率よく運んでくれる昆虫の口吻が長かった場合に、そのような昆虫をほかの昆虫よりも優先的に花に呼ぶために、花を深い筒型にするというケースも考えられるかもしれません。

特定の性質をもつ昆虫を排除するためであれ、特定の性質をもつ昆虫だけを引き寄せるためであれ、花の形は、昆虫の形とともに特殊化していくでしょう。多くのさまざまな種類の昆虫を呼びよせて花粉を運んでもらったほうが有利な状態では、特殊化はある程度の範囲でとどまるでしょうが、ある限界を超すと、その昆虫しかその植物から蜜を吸えない状態になる可能性があります。そうすると、根粒菌と植物との間の共生の場合と同様に、植物と昆虫の間でも一対一の関係が成立します。そしてそのような場合には、その形がもはや生きていくには負担になる寸前まで特殊化が進む場合もあるでしょう。

昆虫の種類の多様性を考えると、植物と昆虫がともに進化していく共進化によって、花の形が多様化することは容易に想像がつきます。花の形の多様性は、昆虫の多様性を反映しているといってもよいでしょう。

コラム　花の色と花粉の運び手

花は形だけでなく、色も多様です。じつは、花の色もまた、何が花粉を運ぶのかという点と密接に絡んでいます。

風媒花は、葉や茎と似た緑色のものが多いようです。視覚的に目立つ必要は特にありませんし、クロロフィルをもっていれば、花の状態でも少しは光合成によって稼げるかもしれません。実際に、イネの穎《えい》と呼ばれる部分は、花の一部でありながら、そこでの光合成がある程度イネの実の入りに影響するという研究結果もあります。

一方、動物が花粉を運ぶ場合は、その動物の種類によって視覚も違いますから、その点が花の色に反映されるでしょう。例えば、カラスウリなどの夜開く花には、白いものが多く見られます。これは、花粉を運ぶ夜行性のスズメガなどが薄暗いなかでコントラストの違いによって花を見つけているからと考えることができます。また、鳥が花粉を運ぶ植物の花には赤いものが多いといわれていて、これも鳥の視覚によって説明できます。

ただし、注意しなくてはならないのは、人間の視覚と動物の視覚では、大きなずれがある点です。特に、紫外線の領域を人間は見ることができませんが、ハチなどの昆虫は紫外線を主要な情報源として使っていることが明らかになっています[66]。ですから、人間がイメージする花の色を昆虫も感じていると考えて花の色を解釈することは非常に危険です。

また、花の色素の多くは、強すぎる光や紫外線によって細胞内の成分が損傷を受けるのを防ぐ作用をもっています。昆虫との共進化だけではなく、そのような物質としての特性が必要とされている可能性も考える必要があるでしょう。

4　遺伝的な多様性の必要性

ここで、花を咲かせる意義をもう一度考えてみましょう。ある植物の花粉が別の個体の胚珠に届けば、異なる植物に由来する遺伝的な情報がひとつの種子の中に混ぜ合わせられることになります。それにより、花粉も胚珠も同じ個体に由来する場合に比べて遺伝情報の多様性は大きくなることが期待されます。単に、同じ個体の中で種子をつくるだけでよいのであれば、わざわざ花を咲かせて虫を呼ぶ必要はありません。

では、遺伝情報が多様だと、何かよいことがあるのでしょうか。よく聞く説明として、環境が変動してその生物にとって生存が不可能になるような危険にさらされた場合にも、

66　ハチも人間と同じように3種類の視物質（視細胞にあるタンパク質）で光の色を認識していますが、人間とは違ってそのなかに紫外線を感知できる視物質をもちます。一方、鳥や魚の多くは、４種類の視物質をもちます。

多様な個体が存在していれば、そのうちある割合の個体は生き延びられるだろう、というものがあります。これは、なんとなくありそうな話に聞こえますが、よく考えると案外難しいことがわかります。

何百年に一度という環境の大変動の場合、個々の生き物がその大変動を経験する機会はほとんどありません。大変動が起こったときに有利になる個体がいたとしても、それは大変動が起こらない条件下では不利になる場合がほとんどだと考えられます。例えば、温度が上がっても生きていけるような生物は、温度が上がる前の世界では凍え続けていなければならないでしょうから。そのような個体はすぐに子孫を残せずに数を減らしてしまうでしょう。結局、多様な個体のなかにも、大変動を生き抜ける個体があらかじめ用意されていることは期待できないでしょう。

では、頻繁に起こる環境変化についてはどうでしょう。例えば、少なくとも日本では晴れの日が続いても、しばらくすると雨になります。当然ながら晴れのときにしか生きられない個体、雨のときにしか生きられない個体は、どちらも死に絶えてしまいます。生き残る個体は、両方の環境で生きられるものになるでしょうから、この場合にはそもそも多様性が生まれません。

では、多様性があると有利になるのはどんな状況だと考えられるでしょうか。その典型的な例が病原体との戦いです。インフルエンザの流行を考えればわかりますが、病原体は、人間が予防接種を発達させても、自らを変化させることによってその防御網をかいくぐって感染します。[67]感染しないようにするためには、感染される側も変化しなくてはなりませんが、細菌ならともかく、動植物のように一世代が長くなると、そんなにすぐには変化できません。そこで、その種があらかじめ多様性をもっていれば、多くのものが感染しても、一部のものは違う特徴をもっていることにより生き残れるかもしれません。致命的な感染の場合は、その種が絶滅しないためには多様性が必要になります。

これが、その前に説明した「頻繁に起こる環境変化」と違うのは、病原体に対する防御には終わりがない点です。多様性があるために、一部の個体がある病原体に対して生き残ったとしても、そのうちその病原体は変異して、その残った個体に感染するように

67　最近のインフルエンザのワクチンは、４種類ぐらいのタイプに対応するものを混合していて、感染を防げる確率はだいぶ上がりましたが、それでもまったく新しいタイプが出現すればお手上げです。新型インフルエンザが恐れられるゆえんです。

なる可能性があります。そのような事態を避けるためには、残った個体のなかでまた多様性を確保しておく必要があります。生物同士の競争があるときには、常に多様性を維持し続けなければならないわけです。

多様性を維持するためには、同じ個体の花粉と胚珠が出合うのではなく、別の個体から花粉を胚珠に届けることによって、遺伝的な多様性を生み出す必要があるわけです。

5　多様性のコスト

多様性を維持するためには、別の個体由来の花粉と胚珠が出合う必要がありますから、子孫を残すためには少なくとも2個体が必要になります。しかも、花粉が胚珠に届く保証があるわけではありません。多様性は、ただで維持できるものではなく、それなりのコストがかかっているのです。当然ながら多様性は犠牲にしても、そのコストを省きたいという戦略もありえるでしょう。その場合の戦略にはどのようなものがあるでしょうか？

❖

ひとつの戦略は、ひとつの花で種子をつくる自家受粉です。自分の花のなかで花粉を受け渡せば、受け渡しそこなう可能性を減らせます。よく引き合いに出されるのは、タンポポの例です。カントウタンポポなどの在来のタンポポが、異なる株で花粉をやり取りする他家受粉をするのに対して、セイヨウタンポポは自家受粉のため、繁殖効率が高いと説明されます。

スミレは、ひとつの個体に、他家受粉をする花と自家受粉をする花を両方つけます。セイヨウタンポポはきちんと花をつけますが、スミレの自家受粉用の花は「閉鎖花」と呼ばれ、そもそも花を咲かせるという感じではなく、小さなつぼみのままに見えるものが、そのまま種子をつけます。考えてみれば、花は花粉を運ぶ虫や鳥などを呼ぶためにあるわけですから、自家受粉しかしないのであれば、花らしい花を咲かせる必要はありません。コストを削減するのであれば、見栄えを気にしない閉鎖花で十分でしょう。

もうひとつの方法は、そもそも種子を使わずに、自分の体の一部を新しい個体にするものです（図7・5、口絵16）。例えば、イチゴはランナーという、横に這う茎のようなものを伸ばして、その先端に新しい個体をつくります。オリヅルランも同じような仕組みで繁殖します。球根で増えたり、株が分かれたりするのも同様で、これらの方法は栄養繁殖と呼ばれます。

図7・5　葉から芽を出して増える栄養繁殖（カランコエ）

栄養繁殖で増えた植物は、遺伝的に同じクローンであって、多様性をもたない代わりに、効率的な繁殖ができるわけです。栄養繁殖は花を必要としないので、ここではこれ以上触れません。

種子をつくるために、多様性を重視して他家受粉をするか、効率を重視して自家受粉にするかは、一長一短です。スミレのように一個体で両方の方法をもつものがあるのは、どちらかが一方的に優れているというわけではないことを示しています。宅地の開発などによって植物の生えていない場所が出現したような場合は、自家受粉の植物のほうが効率的にそこへ進出していけるでしょう。一方で、植物の個体数がほぼ飽和して、一定数に維持されているような場所では、数を増やすことを目指すよりは、多様性を維持して病原菌などに備えたほうが有利になるかもしれません。ここでも、環境の多様性が植物の多様性を生み出していることになります。

コラム　キクの花の2種類の形

一般社会では、タンポポの花を見れば、それを一輪の花だと認識しますが、植物の形態の専門家から見ると、これは花の集合体です（図7・6）。花びらのように見えるひとつひとつが花であるため、果実もたくさんできます。飛ばされた綿毛のひとつひとつが

図7・6　タンポポの花

ぶら下げている小さな粒が果実ですから、その数に対応する数の花が、一輪だと思っていた花の中に詰まっていたことがわかります。

キク科の花にはこのような構造をしている種類が数多くあります。[68] タンポポの個々の花はだいたい同じような形をしていますが、ガーベラなどでは、周りに花びらに見える舌状花《ぜつじょうか》と呼ばれる花が配置され、中央部分にはあまり目立たない筒状花と呼ばれる花が集まっています（図7・7）。一般の花の花弁の役割を周囲の舌状花が果たしているわけです。昆虫を引きつけるには、目立つ舌状花が周りに一重あれば十分でしょうから、内側の筒状花では目立つ部分を省略しているのでしょう。[69]

ガーベラでも、つぼみがまだ小さいうちは、中を分解してみても舌状花と筒状花の区別はつきません。最初は同じ花芽から出発して、花ができあがる過程で、舌状花と筒状花の役割分担ができるのです。しかし、植物は、脳をもつ動物と違って、全体を認識し

図7・7　舌状花と筒状花

た中央司令室のようなものはありませんから、個々の花は自分で自分の運命を決めなくてはなりません。では、それぞれの花は、自分が舌状花になればよいのか、あるいは筒状花になればよいのか、どうやって判断するのでしょうか？

❖

これを探るための面白い実験があります。ガーベラのつぼみがごく小さいうちに、つぼ

68　まだ息子が小さいころ、ヒマワリを指して「タンポポ」と言ったので、その話を植物学のさる大先生にしたところ、「キク科の植物の特徴を捉えていて、分類学のセンスがありますね」とのお答えでした。よい教育者は、人をほめるところからはじめるものだと感服したものです。

69　ということは、昆虫は遠くからは視覚に頼って花を見つけているけれど、一度花にたどり着けば、今度は別の感覚を使って蜜を探しているのでしょう。

みの一部にカッターで小さな切れ目を入れます。すると、花が咲いたときには、一番外側だけでなく、切れ目の周囲にも舌状花ができるのです。つまり、個々の花は、周りが他の花に囲まれている場合には中央にいると判断して筒状花になり、片側しか花に接していない場合には端にいると判断して舌状花になるのです。ガーベラの花は、近接する花の情報から、自分の位置を「感じて」いることになります。

第8章

果実の形は何が決めるのか

1　植物の移動70

植物は、根によって地面に固定されていますから、基本的に何かあっても移動することができません。しかし、そのままでは、現在生えている場所の環境が変わって、その植物の生育に適さなくなった場合には絶滅してしまいます。植物は、何らかの方法で常に生育範囲を広げる努力をしていなくてはならないのです。植物の一部が移動する例としては、前の章で取り上げた花粉があります。花粉は、風や昆虫によって運ばれますが、この場合は、運ばれる先にも同じ植物が生えていることが前提です。ですから、花粉が移動しても、植物の生育範囲が広がることにはつながりません。

他に、これも前の章で紹介した、イチゴのランナーのように、茎を横に伸ばして、その先端に新しい植物体をつくれば、少しだけ生育範囲を広げることができます（図8・1）。別にランナーを伸ばさなくても、宿根草が株を少しずつ大きくする場合も、非常

図８・１　ランナーを伸ばして移動する

にゆっくりと生育範囲を拡大していると捉えてよいかもしれません。ただ、このような移動では、どうしても速度が遅くなります。がんばっても1年に1メートルぐらいではないでしょうか。時速に換算すると0・1ミリメートルぐらいです。

では、植物が移動を強いられるのは、具体的にはどのような場合でしょうか？

❖

すぐに思いつくのは、いわゆる先駆植物です。

70　「果実の形は何が決めるのか」というタイトルの章なのに、第1節のタイトルは「植物の移動」とは何だと思った方もいるかもしれません。とはいえ、この本をここまで読んできた人は、筆者の話がすぐ脱線することには慣れっこになっていると思います。

これは、都会では建物が壊されて更地になったところなどに最初に入り込むような植物です。このような場所に最初に生えるのは、強い日差しを好む成長の速い植物です。しかし、その後、成長は遅くても着実に大きくなる別の植物が生えてくると、先駆植物は競争に負けてだんだん姿を消します。姿を消すといっても、別に絶滅するわけではありません。今度は別の更地を見つけてそこで生育することになります。そして、別の更地を見つけるためには、何らかの方法で移動しなければならないわけです。

都会での更地から更地への移動だけでなく、自然界でもそのような変化は起こります。例えば、火山が噴火して一面を溶岩が覆った状況を考えましょう。それまで生えていた植物はすべて焼き尽くされてしまいます。それでもしばらくすると、固まった溶岩の上に植物が進出します。しかし、この場合は、都会での更地への進出とは違って、いくつもの問題をクリアしなければなりません。植物が見られない点では似ている、都会の更地と溶岩の上との違いをいくつ思いつきますか？

❖

図8・2　高山に残ったライチョウ

まず、溶岩の場合は土と違って、お天気がよければすぐにからからに乾燥しますし、そこで根を張るのも大変です。さらには栄養分がほとんどありません。土というのは、岩が風化したものと植物の分解物からできているのですが、岩の風化には時間がかかりますし、最初は溶岩の上に植物は存在しないので、そもそも土ができるまでにものすごく時間がかかるのです[71]。

そして最後の問題として、種子の移動があります。都会の更地の場合は、更地といっても、その土の中には種子が眠ってい

71　土は、ギリシャ哲学においてエンペドクレスに始まる四元素説の元素のひとつでもあるのですが、「土壌」という意味に捉えるのなら、他の物質の分解に伴って生じる混合物なのです。

図８・３　高い山に見られる植物。左上から時計まわりにチングルマ、キバナノコマノツメ、イワツメクサ、コマクサ

ることがほとんどですが、溶岩の場合は、種子は焼き尽くされています。何らかのかたちで、外から種子が飛んでこないことには話が始まらないわけです。ここでも種子には移動能力が必須になります。

さらに、もう少し大きなスケールでの移動もあります。例えば、本州中部の高山帯に生息するライチョウを考えてみましょう（図８・２）。ライチョウは、氷河期に気候が寒冷になった際に、北から日本に移動してきたと考えられます。その後、気候が温暖化するにつれて、今度は徐々に標高の高い、つまり気温がより低い場所へと移動していったと考えられます。結果的に、一時はかなり広い範囲に生息していたライチョウも、現在は、高山帯の山頂付近に孤立して生育するだけになりました。

同様な生息地域の変化は、ライチョウだけではなく植物にも起こったはずです。植物の場合は、動物に比べて移動の手段と速度が限られるため、気候変動の影響は、より厳しく現れたでしょう。現在、高山帯の山頂付近に見られる高山植物には、このような氷河期の置き土産が多いと考えられます。これらの植物は、気候の変動に伴って、ゆっくりと移動して、その分布域を変えてきたわけです（図８・３）。

２　種子はなぜ硬いのか

先駆植物が新たな生育場所を見つけるためには、移動の他にもうひとつ重要なことがあります。種子がいろいろな場所に散布されたとしても、たどり着いた先がちょうど更地で、生育に適している可能性は決して高くはありません。しかし、あきらめるには早すぎます。そこで待っていれば、もしかしたら上に生えている植物が刈り取られるか、倒れるかするかもしれないからです。たいていの場合、生育に適した状況になるまで、場合によってはかなりの期間、何とか耐え忍ばなければなりません。その耐え忍ぶ方法のひとつとして種子があります。種子のかたちであれば、必要に応じて何年もの間、土の中で休眠した状態で生き続けることができます。その場所が更地になって強い光が降り注いだところで発芽すればよいわけです。

ここで、もう一度、生物の普遍性と多様性について思い出してみましょう。種子の形はさまざまですが、多くの種子に共通の特徴がひとつあります。それは、「硬い」ことです。たとえ果実はやわらかくても、その中の種子はたいてい硬いものです。やわらかいふにゃふにゃした種子にはあまりお目にかかりません。[72] とすれば、その硬さの普遍性には、何らかの機能的な制約が反映されているはずです。多くの種子はなぜ硬いのでしょうか？

休眠のための仕組みというのがひとつの答えになるでしょう。休眠は動物でいえば、単なる睡眠ではなく冬眠に近いものでしょう。細胞の中の活動を、生きていくための最低限のレベルに抑えて時間をやり過ごします。移動が空間的な動きだとすれば、休眠は時間的な動きといえます。休眠をしている間に、腐ったり、動物に食べられたりしては元も子もありませんから、なるべく頑丈につくる必要があるでしょう。そこに、多くの種子が硬い理由のひとつがあると考えられます。

そのほかの理由として考えられるのは、バリアとしての役割です。種子は、細胞内の活動を最低限に抑えるための方法として、中を比較的「乾かして」います。もちろん、完全に水がなくなっているわけではありませんが、他の植物の組織に比べると水分の含有量は非常に少なくなっています。水分を少なくすることによって、細胞内で無駄な活動が起こらないように抑えているのです。ところが、種子の周囲は通常は湿った土ですから、その水分が種子の中に入り込むのを避ける必要があります。種子の硬い皮(種皮)

72　とはいえ、何事にも例外があります。植物の種類によっては、やわらかい種子をもつものがあります。そのような植物の種子は、すぐに発芽できない場合は枯れてしまうことがほとんどです。このことも、種子の硬さと、すぐ後に述べる休眠の必要性の関係を示しているといってよいでしょう。

は、水に対するバリアとしても役立つでしょう。

また、鳥などに食べられて消化管を通って種子が散布されるタイプのものでは、消化管で消化されてしまっては意味がありません。消化されないためのバリアとして種子が硬くなっていると考えることができます。

一方で、バリアがあまりにも頑丈だと困ることもありそうです。[73] 種子も生きている以上、細胞内で最低限の反応は起こっていますし、その反応を進めるためのエネルギーは呼吸によってつくり出す必要があります。呼吸のためには酸素が必要ですから、その酸素は種皮を通して外から取り入れる必要があります。あまりにも種皮が頑丈だと窒息しそうですが、必要な酸素の量は、休眠している種子では葉などの組織に比べると非常に少ないので、硬い種皮を通して入ってくる酸素の量で十分なのだと考えられます。

コラム　光と発芽

水と酸素、ある程度の温度は、種子が発芽する条件としてどの植物にも必要です。一方で、一部の植物の発芽だけに必要な条件もあります。レタスなどでは、ある程度の光が当たることが発芽の条件になっています。これは、発芽した後には光合成によって生きていかなければならないことを考えると、もっともに思えます。問題なく光合成できる条件でのみ発芽する光発芽種子の戦略は、明確でしょう。しかし、ダイコンなどでは、逆に光があると発芽しません。[74] 暗いところでのみ発芽するのです。なぜ、そのようなことをするのでしょうか？

73　発芽をするときには、何らかの形で種子の中に水が入り込む必要があります。アサガオの種子を蒔くときには、種子の表面をコンクリートにこすりつけて傷をつけると発芽がそろいますが、それは人間が種子に水が入るように手助けをしているわけです。ただし、発芽がそろわないことも多様性の一種であり、自然界では決して短所ではないことに注意する必要があります。

植物にとって光がない条件が何を意味するかを考えてみることが手がかりになります。種子の周囲が暗いということは、おそらく土の中に埋まっているのでしょう。とすれば、ダイコンの種子は土の中に比較的深く埋まっている状態でのみ発芽したいのだろうと推測することができます。土に深く埋まっていると、土の表面近くとは違ってすぐには光合成ができませんが、ひとつよいことがあります。それは、からからに乾きづらいという点です。つまり、乾燥に弱い植物は、土に深く埋まっている場合にのみ発芽することにメリットがあるでしょう。また、土壌がやわらかくなくては種子が深くに埋まることはないでしょうから、土壌がやわらかい点も重要なのかもしれません。

一方で、深く埋まった種子は、発芽した後に地表に出て光合成をするまで、どうしても時間が長くかかるでしょうから、種子の中に十分な栄養をもっていなければならないデメリットもあります。これらのことを考えると、暗いときにだけ発芽する暗発芽種子[75]は、芽生えが、おそらく乾燥に弱いか、やわらかい土壌を必要とし、種子の大きさは比較的大きく、中に栄養を貯蔵していると推論できます。じつは、本当にそうなっているかどうかは知りません。一度きちんと調べてみると面白いかもしれませんね。

3　種子を移動させる方法

「硬い」という種子の普遍的な性質を考えた後は、種子の形の多様性について考えてみたいと思います。ただ、本題に入る前にひとつ注意しておかなければならないことが

74　教科書には、レタスは光のもとで発芽する、ダイコンは暗いところで発芽する、と書いてありますが、実際に実験をしてみると裏切られることもかなりあります。農家にとっては、まいた種子が条件によって発芽したりしなかったりするのは困るので、栽培植物では、条件によらずに発芽するものが選抜されていることが多いのです。このような実験は、できれば野生植物で行なうのが一番でしょう。

75　暗発芽種子の定義は人によって異なり、暗いときにだけ発芽する種子を指す場合と、発芽に光を要求しない種子を指す場合があります。

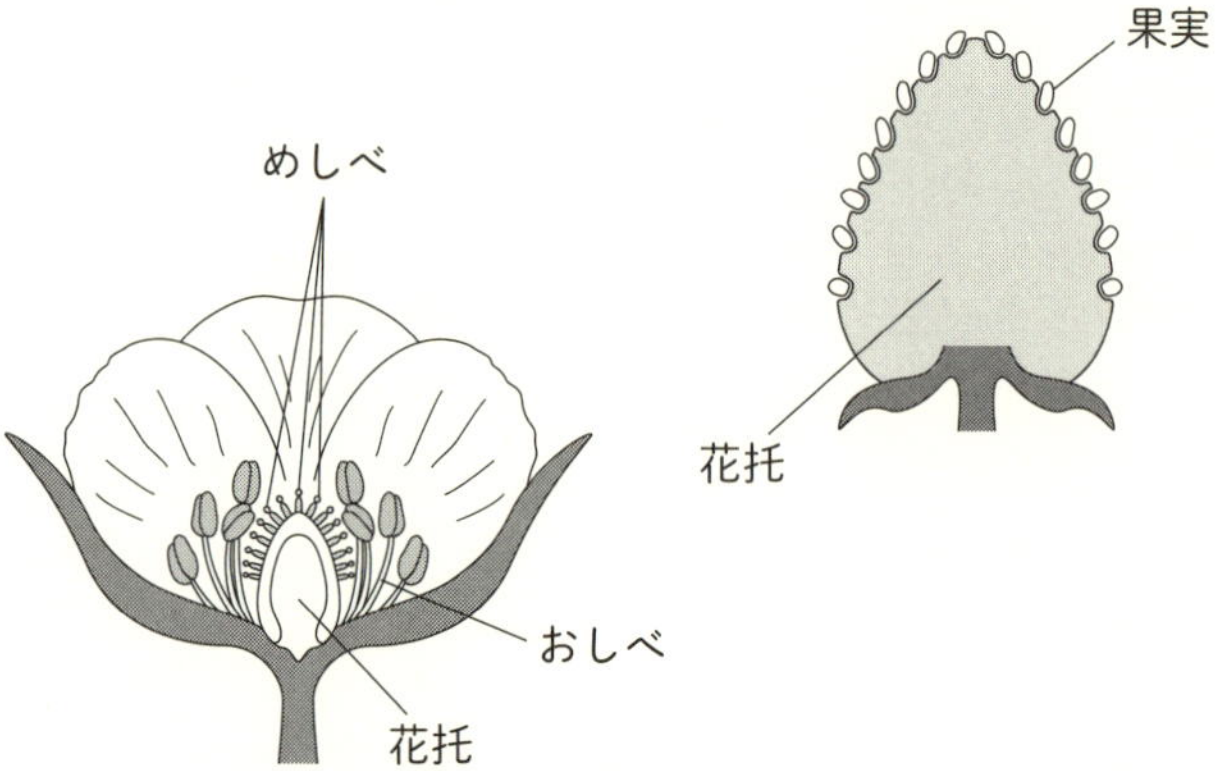

図8・4　イチゴの花と「果実」

あります。それは、植物によっては種子に見えるものでもじつは種子ではないものがあるという点です。例えば、イチゴです。赤い果実の表面にあるぽちぽちが種子だろう、というのが普通の考え方ですが、生物学的にいうと、そもそも赤いのは果実ではなくて、花の柄の端[76]が肥大したものです。そして、表面のぽちぽちが果実なのです。では、種子はどこにあるかというと、ほとんど果実そのものです。種子がごく薄い皮で覆われたものが果実であるぽちぽちです（図8・4）。

そんな面倒な名前の付け方をしなくても、果実に見えるところを果実、タネに見えるところを種子と呼べばよいのに、と思うのが人情でしょう。しかし、花が咲いた後、花の各部分がどのように変化して果実あるいは種子になっていくかを観察すると、めしべの付け根の部分がだんだんとぽちぽちの部分になっていくので、その部分を果実と呼ばざるを得ない事情があるのです。そして、花の台になっている部分が膨らんで、食べる部分になるわけです。普通の人は花が散ってしまうと、その後を見ることはあまりないのですが、果実になっていく様子を観察すると、案外発見があります。

したがって、植物学者にイチゴの果実をくださいと頼むと、ぽちぽちの部分だけを渡される可能性があります。[77] ただ、種子の形と機能の関係を知りたい場合には、通常の種子としての機能をもつ部分、つまりイチゴの場合でいえばぽちぽちの果実を種子として考えたほうが好都合です。サボテンの葉の機能を考えるときに、トゲではなく、幹の部分を考えたのと同じです。そこで、この本で一般的な記述をする際は、生物学的な正確性は脇において、通常の種子としての機能をもつ部分はみんな種子と呼んでしまうことにします。

76　花の付け根の部分で、花床（かしょう）とか花托（かたく）と呼ばれます。
77　もちろん根性の曲がった植物学者の場合ですが。

植物の種子が移動する方法は、基本的には花粉の場合と同じです。風によって運ばれるか、動物によって運ばれるか、水によって運ばれるかです。この他に、それほど数は多くないのですが、他の助けを借りずに自分で種子を飛ばす植物もあります。最初にそのような方法を見てみましょう。

植物は基本的には動けませんし、筋肉もありません。種子を飛ばす力を求めるとしたら、物質自体の変化によるしかありません。物質が自分で動く例としてよく知られているのはバイメタル[78]です。バイメタルは2種類の金属を張り合わせた簡単な構造をしています。２つの金属の間で熱膨張率が異なると、温度が変化したときに金属の長さが不均等に伸び縮みするので、より短くなる金属のほうへ曲がることになります。温度ではなく、湿度でも物の大きさが変わる場合があります。冬のあいだ湿度が低いときにはスムーズに動いていた木の扉が、梅雨時に引っかかるようになる経験をおもちではないでしょうか。

植物が熱膨張を利用している例はよく知らないのですが、湿度変化によって物を動かしている例は、いろいろな植物で見られます。特に種子の場合は、休眠に向けて乾燥が進むことが多いので、種子を取り巻く莢《さや》などが乾燥に伴って不均一に縮むのを利用する例が多いようです。では、どのような莢をつくれば、種子を飛ばすことができるでしょうか？

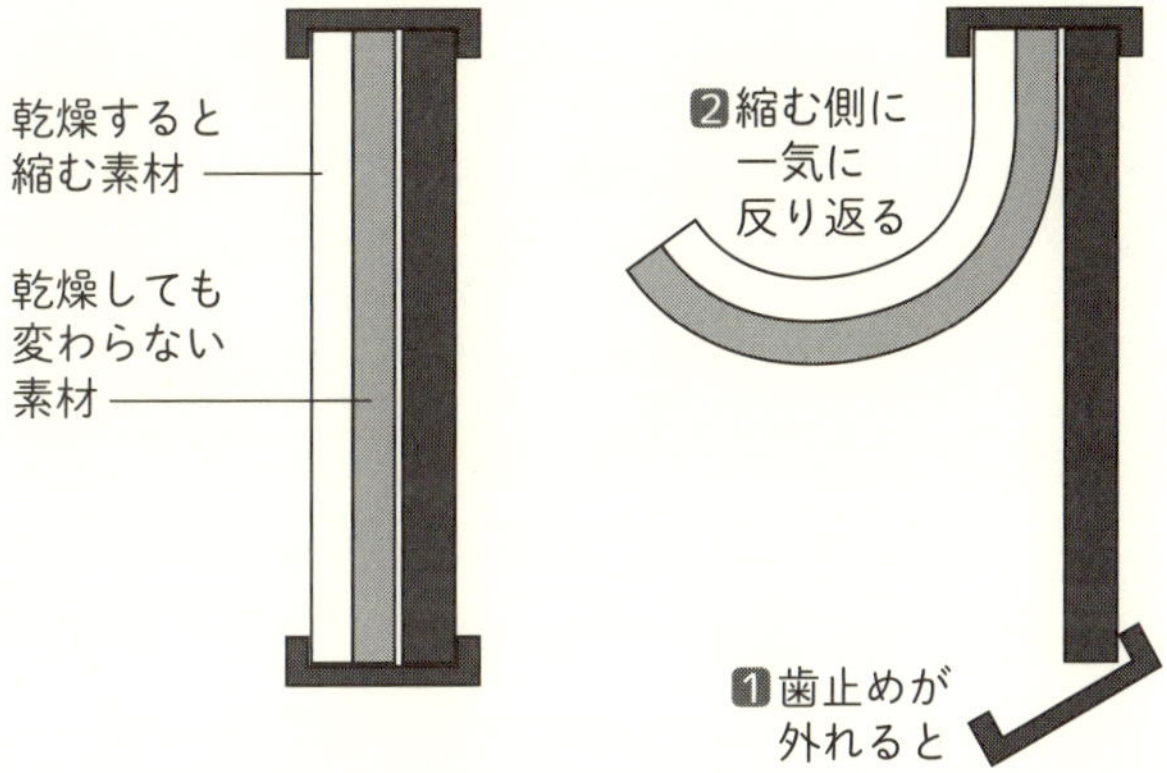

図８・５　不均一な縮みが動きをつくる例

❖

バイメタルと同じように縮み方の異なる2つの素材で莢をつくっておけば、その莢は曲がるはずです。その際に、両端をとめておくと、曲がる力がいわば溜められた状態になります。そこで、一定以上の力がかかると、歯止めが外れるようにしておけば、あるとき、ぽんと莢が跳ね返ることになります（図8・5）。

ゲンノショウコはそのようにして、莢の中の種子を外側に弾き出します。この方法で種子が飛ぶ距離はせいぜい1メートル程度のようですが、背の高さが10センチメートル程度

78　バイは2、メタルは金属を意味します。

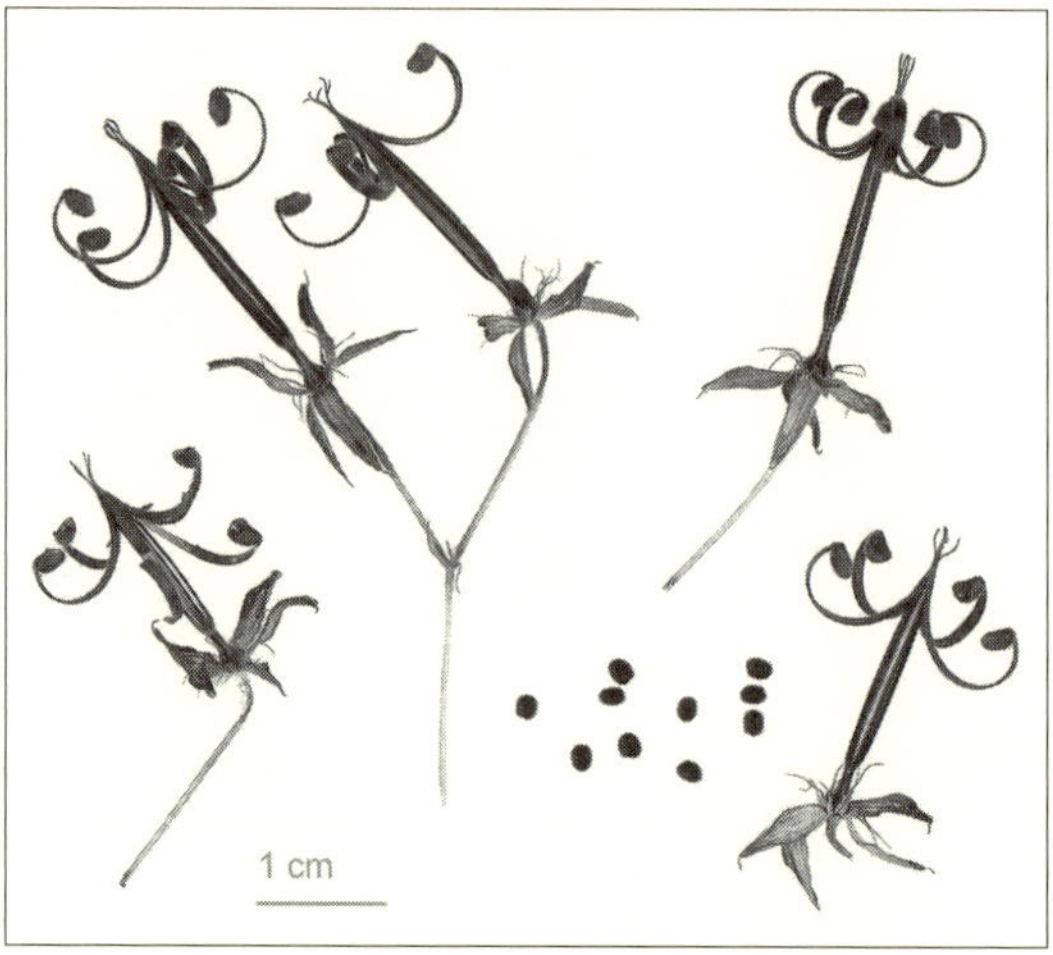

図8・6　ゲンノショウコの果実：Wikimedia Commons（Roger Culos 氏撮影）

の植物としては上出来でしょう。ゲンノショウコの莢が5つに割れて反り返ると、ちょうどお神輿《みこし》のような形になります（図8・6）。ゲンノショウコを別名ミコシグサと呼ぶゆえんです。[79]

　植物の種類によっては莢がねじれるように縮むものなどもありますが、基本的にはこの場合も、不均一な収縮によって莢にひずみが生じて、それが解消するときに一気に動きが生じるという原理は同じです。

　では、このいわばカタパルト形式の種子の散布の様式は、種子の形にどのように反映されるでしょうか。おそらくは、空気抵抗が少ないことが要求されるので、丸い種子になるはずです。種子の形にはそれほど多様性は生じないでしょう。なぜならば、種子を打ち出す原動力は、周りの莢にあるのであって、種子の側にあるわけではないからです。逆にいえば、このようなタイプの種子をもつ植物の莢は、その種子を打ち出すメカニズムに応じてさまざまな形をしていると思われます。ゲンノショウコのお神輿は、まさにその典型だといえるでしょう。種子を打ち出す方法の多様性は、種子の形の多様性ではなく、莢の形の多様性に反映されているわけです。

コラム　ツクシの胞子

植物の動きとして非常に面白いものをひとつ紹介しましょう。それは、ツクシの胞子の動きです。春の風物詩のツクシは、シダの仲間であるスギナの胞子茎です。胞子茎は、胞子をつくって飛ばすのに特化した茎と考えればよいでしょう。

79　ゲンノショウコの名前自体は「現の証拠」で、胃腸薬としての効果が明らかであることに由来します。

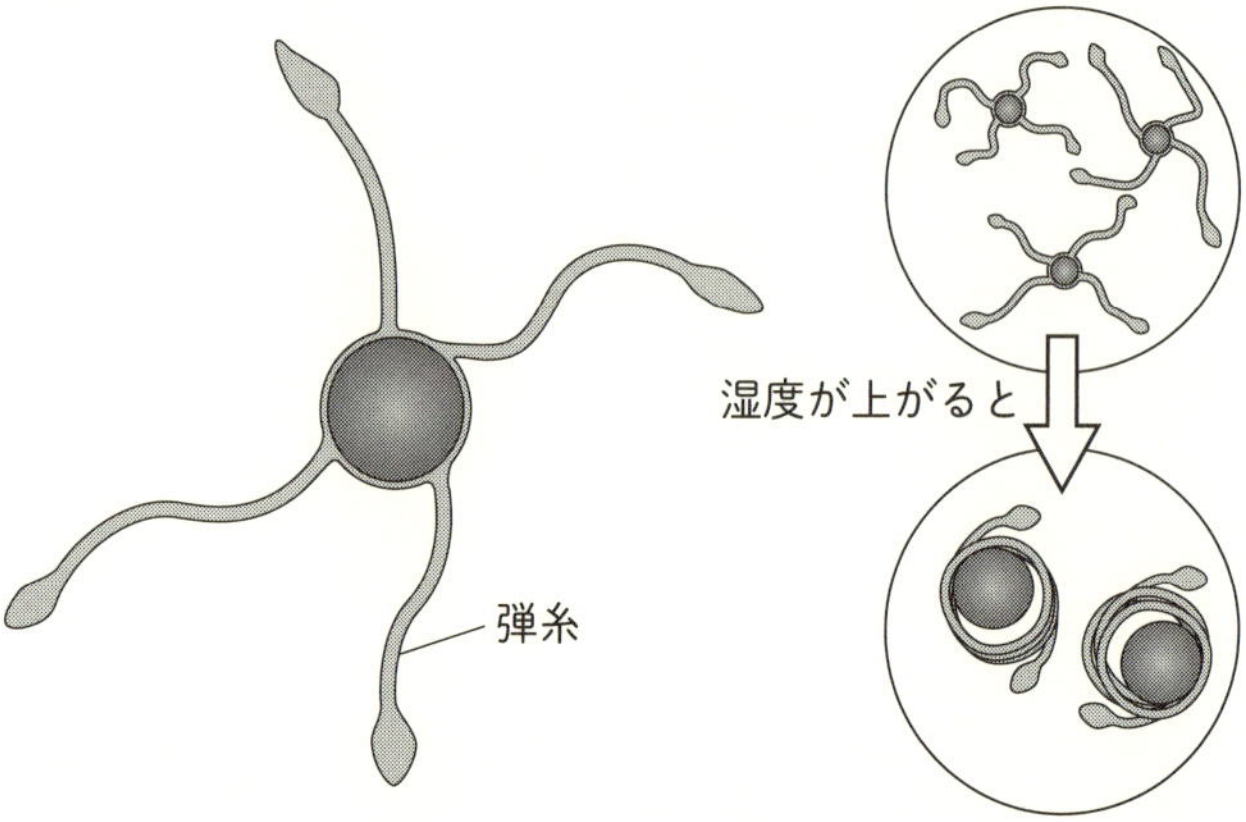

図8・7　ツクシの胞子

ツクシを摘んできて、新聞紙にでも包んで1日2日放っておくと、もわもわとした緑色の綿のようなものが出てきます。これがツクシの胞子です。これを少しスライドグラスにとって顕微鏡で観察してみましょう。カバーグラスはかけません。なんとも奇妙な、4本足のタコのようなものが見えます（図8・7）。

ここからが本番です。顕微鏡で観察しながら、口を大きく開けて、はーっとゆっくり息を吹きかけてください。そうすると、あたかもびっくりしたように、胞子の4本の足が本体に絡まって小さくなります。しばらくすると、ゆらゆらとまた元に戻りますから、何度でも繰り返してその動きを観察することができます。

ツクシの胞子の４本の足は弾糸《だんし》と呼ばれていて、湿度の変化に応じて形を変えます。乾燥した状態では弾糸を伸ばし、空気抵抗を大きくして、風などによって遠くまで飛ばします。一方で、湿度が高いときには、弾糸を縮めて風に飛ばされにくくなります。これは、雨などのときにはむしろ胞子茎の中にとどまって次に晴れるチャンスを待ったほうが、遠くまで胞子を拡散できることを反映しているのでしょう。顕微鏡の観察においては、人間の吐く息の湿度が高いために動きが観察されるわけです。ですから、この観察は、湿度が低いカラッとした日がお勧めです。ぜひ一度お試しください。

4　動物を利用した種子の移動

次に、動物に種子を運んでもらう場合を考えてみましょう。運び方には大きく分けて2通りあります。ハイキングに持っていくお弁当は、行きには身につけて運ばれますが、帰りにはお腹に入って運ばれます[80]。それと同じです。体にくっついて運ばれるか、それとも食べられて運ばれるかです。その中間に、食べようと思って運んだはよいが、そのまま忘れられて、結果として種子は無事移動できるという場合もあります。リスとどんぐりの話が有名ですね。冬の間の備蓄食料として埋めて忘れられたものが翌春に発芽、成長することによって分布を広げるという話です。そこで手始めに、どんぐりについて考えてみましょう。

リスやアカネズミなどに運んでもらうためには、食べることが可能である必要があります。にもかかわらず、硬い殻をもっているのは一見矛盾するように思えます。食料になるから運ばれるどんぐりが、わざわざ食べにくくなっている理由は何でしょうか？

❖

その矛盾を解く鍵は、おそらく根における共生や、花を訪れる虫のところでもふれた、一対一の関係です。リスやアカネズミは種子を運んで分布の拡大に手を貸す一方で、種子の一部はリスやアカネズミの栄養となるわけですから、これも共生の一種です。そのような共生関係を邪魔されないよう、ただ乗りを狙う寄生者を排除しつつ、共生者を呼び込むための工夫が必要です。第６章で見たように、根と根粒菌の間には、化学物質を介した合言葉がありましたし、第７章で紹介したように、花と昆虫の場合は、それぞれの形がちょうどうまく合うようになっていました。

おそらくどんぐりの硬さは、リスやアカネズミだけがあけられる鍵のようなものなの

80　お腹に入れて運ぶほうが絶対に楽なんだから、ハイキングではなるべく早くお弁当を食べるべきである、と主張する人がいました。納得できるようなできないような……。

でしょう。どんぐりのなかには味がたいそう渋いものもあって、この渋みはそれを食べる動物や昆虫への防御であると解釈できます。したがって、渋みも一種の鍵であって、運ぶのに協力的でない昆虫などには鍵をかけてあけられないようにしていると考えることができます。一部の選ばれし者のみ食べることができるような硬い殻は、このような戦略をとる植物の種子の特徴でしょう。

動物に運んでもらう方法としては、最近、フンコロガシに転がしてもらうという変わった種子が話題になりました。ファーブルの昆虫記[81]で有名な、あのフンコロガシです。南アフリカに生える多年性の単子葉植物の一種は、ウシ科のアンテロープの仲間の糞に形もにおいもそっくりの種子をつけるので、フンコロガシはだまされてこれを転がしていって土に埋め、結果として種子が遠くまで運ばれる仕組みです。においの元となる揮発成分の組成や量までもが動物の糞に似ているということですから念が入っています。種子が硬すぎてフンコロガシはこれを食べたり卵を産みつけたりできないそうなので、どんぐりよりもかなり悪質です。いずれ、本物の糞と偽者の糞を見分けられるフンコロガシが出現すると、さらに本物に似せた種子をつくるように植物が進化するという軍拡競争が、ここでも繰り広げられるのかもしれません。

次に、お腹の中で運ぶ方法はどうでしょうか。この場合、果実を食べてもらって、中の種子を後で別の場所で排泄してもらうのが一般的な方法です。このようなタイプの種子と果実は、どのような特徴をもっているでしょうか？

❖

種子は消化できないほど硬い一方で、果実はやわらかくておいしいことが重要でしょう。また、どんぐりのように運んでもらう必要はないので、それほど一対一の関係は必要なく、種子ごと飲み込んでもらえる動物であれば、なるべく多くの種類の動物に食べてもらったほうがよいと考えられます。目立つほうがよいでしょうから、熟した果実はたいていカラフルです。カラフルな見た目の果実、やわらかくておいしい果肉、硬い種子の組み合わせは、動物に食べられて種子散布を行なう植物の特徴といえるでしょう。

81　筆者が子供のころは、ファーブルの昆虫記とシートンの動物記は子供の必読書の扱いを受けていましたが、今はどうなっているのでしょうか。牧野富太郎は『植物記』を書きましたが、これは子供には歯が立ちませんね。

もっとも、何事にも例外はあります。南国の果物ドリアンなどは、果実の表面が硬いうえにトゲトゲがついていて、食べられるのを拒んでいるようです。その理由は、主に2つの可能性が考えられます。ひとつは、熟すと変化する場合です。ドリアンは熟すとお尻のあたりが割れてきますから、そこからならば食べやすくなるでしょう。もうひとつの可能性は、特定の相手だけに食べてもらうことを狙っている場合です。おいしい果肉だけを食べて種子の散布に役立たない動物には食べにくくする一方、種子ごと飲み込んでもらえる動物には食べられるようにするために、工夫がこらされているものもあります。すでに何度か出てきたセキュリティーシステムです。「役立たない動物」の視点から見ると当然、トゲトゲによって食べにくく見えるわけです。働かざるもの食うべからずということでしょう。

❖

最後に、体にくっついて運ばれるものについて考えてみましょう。この場合、種子というよりは、果実全体がくっつくことが多いでしょう。くっつく方式はさらに2つに分けられますが、どのような方式だかわかりますか？

図8・8　オオオナモミの果実：長嶋寿江博士（東北大学）提供

主に見られるのは、トゲトゲタイプとベトベトタイプです。トゲトゲタイプの典型はオナモミの仲間の果実でしょう（図8・8）。全面イガイガトゲトゲで、大きさは種類にもよりますが1センチメートル以上あります。しかも、一本一本のトゲをよく見ると先端がカールしていて、そこが衣服に絡まると、なかなか取れません。これならば野生動物の毛にも絡まりそうです。

この手の果実をつける植物は身近にもたくさん見られます。[82] イノコヅチやセンダングサの仲間、キンミズヒキな

82　というか、話が逆で、人間にくっついて果実が運ばれるタイプの植物なので身近に見られるのかもしれません。

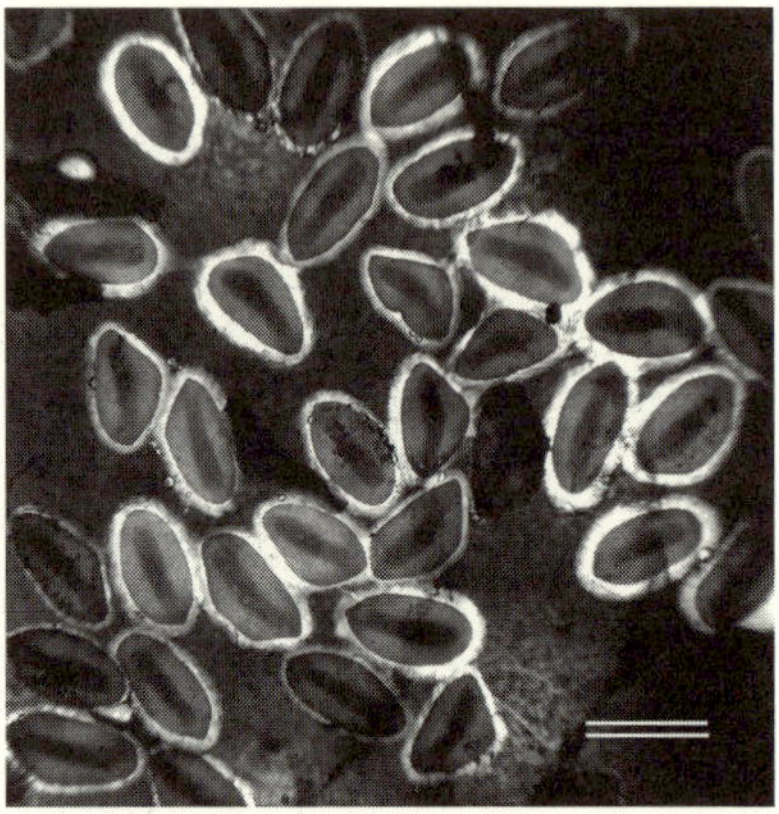

図8・9　オオバコの種子。塚谷裕一博士(東京大学)撮影。粘液層を明瞭に示すため、墨汁でマウントし透過光で撮影。右下のバーは1mm

どもそうです。これらの果実の共通点としては、先端がカールしたトゲないし毛をもつことが挙げられますが、その大きさはさまざまです。オナモミのトゲは1センチメートル近くになるものがあるのに対して、ヌスビトハギの果実の表面のトゲは、顕微鏡で拡大しないとよくわからないほどです。オナモミのトゲは服地の糸に絡まるのに対して、ヌスビトハギのトゲは糸を構成する細い繊維に絡まる感じです。毛の様子は動物の種類によってさまざまでしょうから、おそらくは、ある程度ターゲットとする動物がいて、その動物の毛にあわせてトゲの大きさなども決まっているのかもしれません。

一方、ベトベトタイプで身近なのは、オオバコでしょうか。よく道端に生えている、踏みつけに強い植物です。オオバコの果実をしげしげ眺めたことがある人は少ないかも

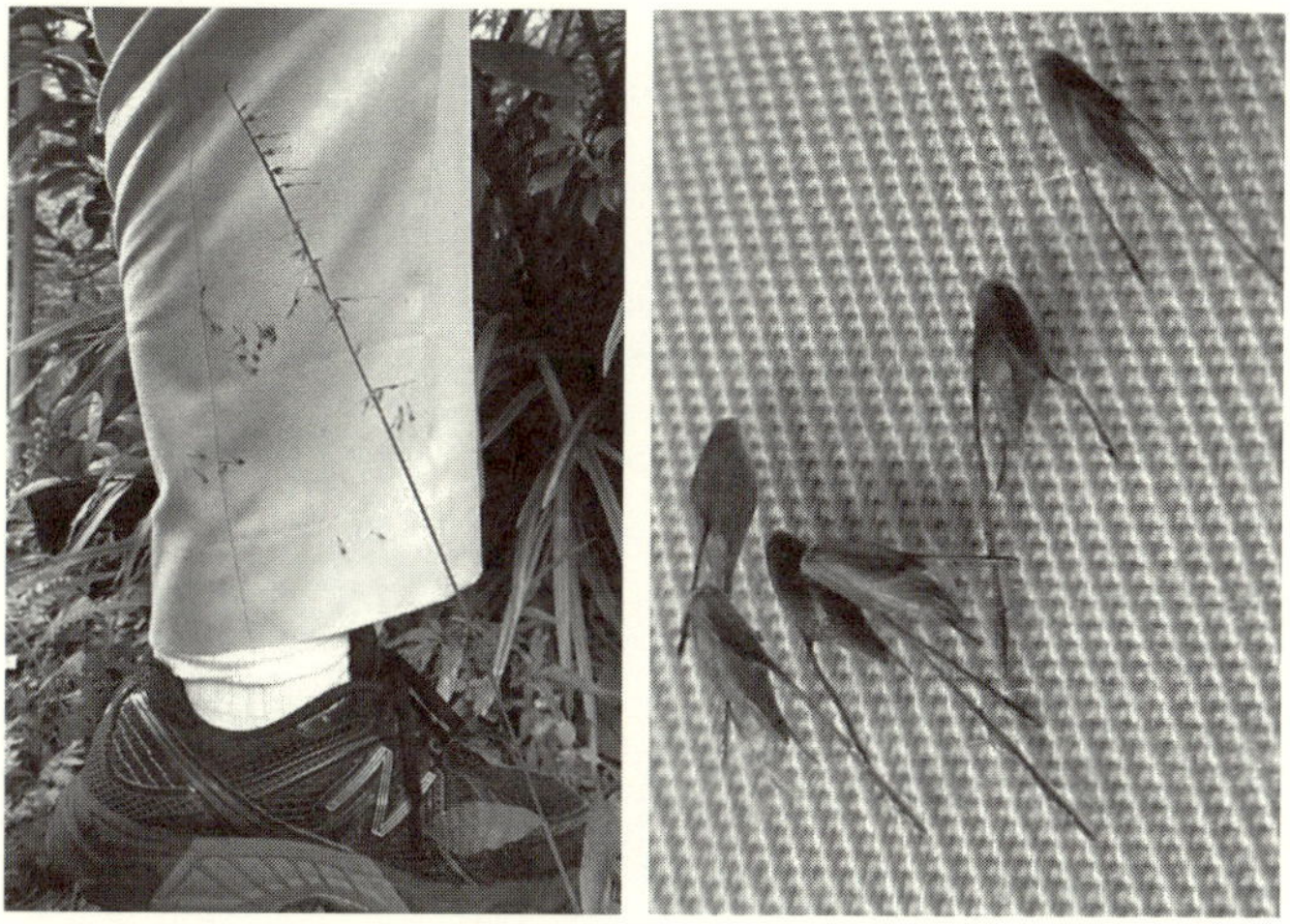

図８・10　チヂミザサ

しれませんが、果実の中には濡れるとネバネバする種子が入っていて、これが踏まれると足の裏にくっつきます（図８・９）。踏んだ人が歩き回ると、広い範囲に種子が運ばれる仕組みです。[83]

チヂミザサは、足の裏ではなく、ズボンのすそのあたりにベタベタくっつきます（図８・10）。ササといってもごく小型のもので、葉の位置はせいぜい10センチメートルぐらいの高さにしかなりませんが、花をつける穂は30セ

83　踏まれることを前提とした人生というのも悲しいものがありますが、オオバコもそれなりに繁栄しているのですから、他人が口を挟むべきことでもないでしょう。

ンチメートルぐらいの高さになり、そこに、粘つく長い毛を3本生やした果実がつきます。熟すと果実はポロッと取れやすくなるので、チヂミザサが生えている付近を歩き回ると、ちょうどズボンのすそのあたりの高さに果実がベトベトくっつく仕掛けです。

ベトベトタイプの場合、表面がベトベトしていればよいので、形の自由度は高そうです。実際にオオバコの種子とチヂミザサの果実は、ずいぶん形が違います。形ではなく、表面の性質に共通性が現れているということでしょう。

コラム　種子の中身

植物の種子は、動物の何に対応するかと聞かれたら、なんと答えるでしょうか。おそらく、かなりの人が卵と答えるのではないでしょうか。それはそれで、正しい答え（のひとつ）なのですが、一般的なイメージの卵、つまりお店で売っている鶏卵とは、決定的に違う点もあります。

お店で売っている鶏卵は普通未受精卵ですから、大きさは大きくても細胞は1個です。しかし、植物の種子の中身は、子葉の元になる部分、根の元になる部分、芽の元になる部分、胚軸の元になる部分などからできた、胚と呼ばれる、小さいけれども立派な植物なのです。その点からすると、植物の種子は、卵といっても、中からなにやら声がしはじめた、孵化直前の卵に近いかもしれません。植物の場合も、最初は1つの細胞から出発するわけですが、細胞分裂を重ねていろいろな形に分化して胚の段階まで行き、そこから水分が減って休眠に入るのです。[84]

実際に、植物の種子をカミソリか何かで解剖してみると、胚のなかの葉や芽、根などに相当する部分を観察することができます。例えば、簡単なのはソラマメです。ゆでたソラマメならカミソリもいりません。莢から取り出してゆでたソラマメの種皮をむくと、中の食べるところの多くの部分は子葉で占められています（図８・11）。子葉の間には、注意して見ると小さな芽[85]のようなものも確認できるでしょう。

84　その意味では、種子は、卵というよりは、蘇生可能なミイラのようなものだといえるでしょう。
85　実際にはこれは根になる部分です。

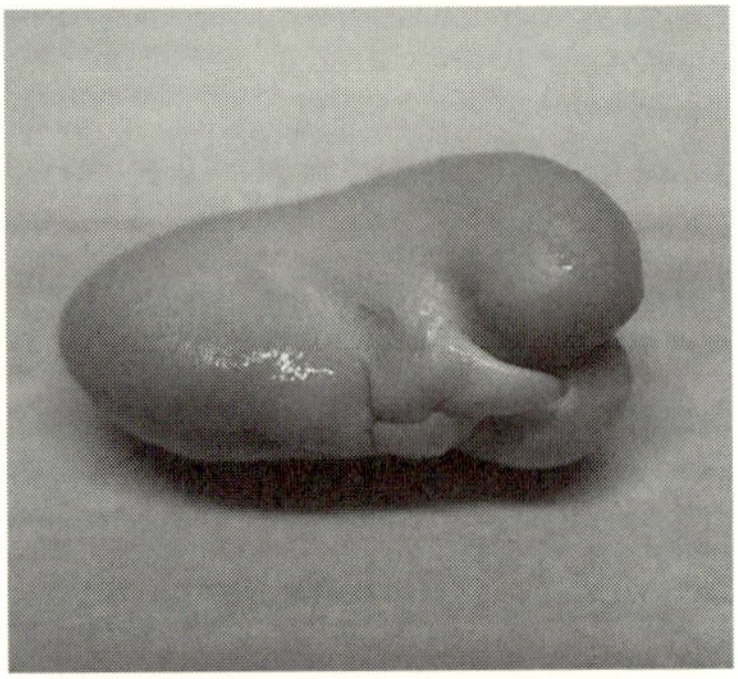

図8・11　ソラマメの種子の中身

面白いことに、ソラマメの種子を地中にまいて発芽させても、子葉は地表に出てきません。しばらくして出てくるのは本葉をつけた芽です。大きな子葉は、そのまま地中に残って、芽生えの栄養の供給源としてはたらくのです。キュウリの場合も、大きな子葉が栄養供給源としてはたらきますが、こちらはちゃんと地上に現れます。

一方、イネの種子、つまりお米の内部を観察しても、どこが子葉なのか見当がつきません。じつは、イネの場合は、その内部の大部分は胚ではなく、胚乳という栄養組織が占めています。つまり、植物体とは別の組織である胚乳が栄養源として発達しているので、胚自体はそれほど大きくなる必要がないのです。しかし、イネの場合でも、小さな胚の部分をきちんと観察すれば、小さな芽や根を見つけることができます。子葉に栄養を溜めるものであれ、胚乳に栄養を溜めるものであれ、溜められた栄養は、発芽して芽生えが光合成を始めるまでのあいだ、植物を支える貴重な存在です。

5　風を利用した種子の移動

図８・12　タンポポの綿毛

風を利用した種子の散布の代表といえば、文句なくタンポポでしょう（図８・12）。子供のころタンポポの丸い綿毛を吹いて飛ばした経験のない人など、まあいないでしょう。[86] タンポポの綿毛の部分をよく見ると、冠毛から果実が釣り下がっていて、いかにもパラシュートのような感じで、実際に風が吹けば空高く舞い上がります。秋に穂を風になびかせるススキ、湿原のお花畑で見られる

86　たとえいたとしても、そういう人は、この本を手に取ることはないような気がします。

図8・13　カエデの果実（トウカエデ）

ワタスゲなども、やはり綿毛が目につきます。キク科の植物に多いこの手の植物の種子は、ふわふわした綿毛を共通してもっているので、一目で風を利用しているとわかります。この綿毛は、種子の一部が変化してできるものや、萼が変化してできるものなど、植物の種類によってその由来が違います。それでも「風に浮かぶ」という共通の機能を実現するために、結果としてよく似た形をとることになったのです。

綿毛とはまったく別の方法で風を利用する種子もあります。よく目にするのは、カエデの仲間でしょう。果実の一部が薄い翼のようになっていて、ここで風を捉えて滑空します（図8・13、口絵17）。一方向に滑空するものもあれば、くるくると回るように滑空するものもあります。回ってしまっては、遠くに移動できないように思いますが、そのようにして滞空時間を長くすれば、その間に風で流される距離は長くなるのでしょう。また、大きな種子が高いところから落ちる場合に、落下の衝撃を和らげるという効果もあるかもしれません。綿毛がパラシュート型とすれば、翼をもつグライダー型といえるでしょう。印象としては、パラシュート型が草に多いのに対して、グライダー型は木に多いように思います。これには、何か理由が考えられるでしょうか？

❖

第５章でふれたように、木は、比較的安定した環境で草よりも有利になります。とすれば、木の周囲には同じように生育に適した場所があるはずですから、ある程度親から離れれば、それほど遠くまで種子を飛ばす必要はないのかもしれません。一方で、草の場合は、環境が変化してまったく別の場所に新天地を求める必要に迫られる場合がありますから、遠くまで種子を飛ばすことが求められると考えるとつじつまは合います。[87]

87　アメリカでは、以前は、子供は18歳になると親から離れて遠くの大学へ入学するケースが多かったのですが、最近は近くの大学に通って親と同居するケースが増えてきたというニュースがありました。ニュースでは金銭的な問題に絡めて解説していましたが、生物学的に考えてみるのも面白いかもしれません。

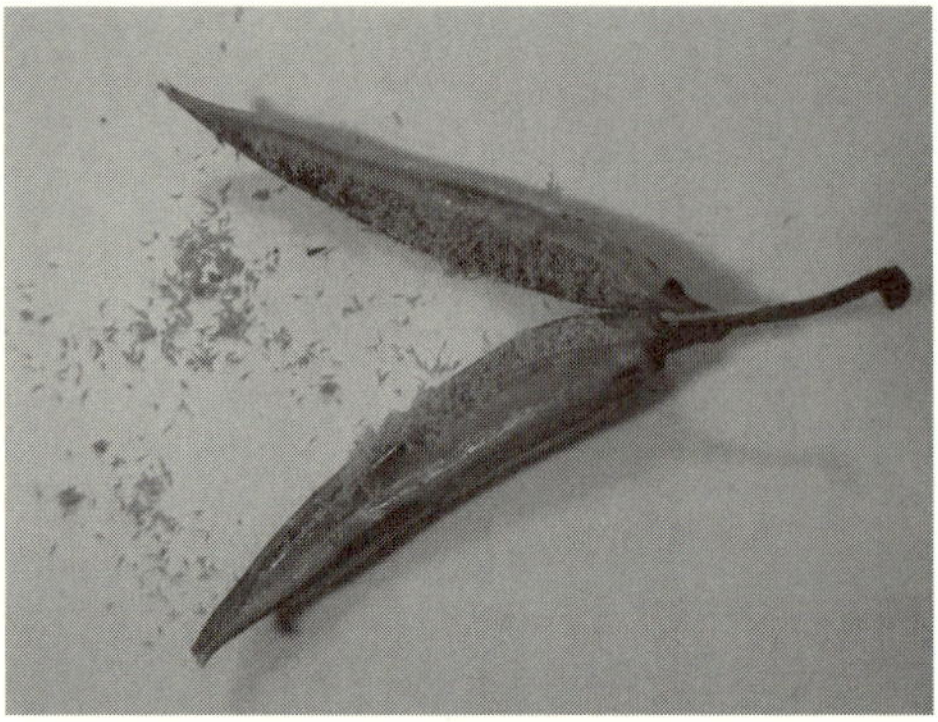

図8・14　ランの果実と種子（シラン）

もうひとつ考える必要があるのは、種子の大きさです。大きな種子をつくれば、その中に栄養を詰め込むことができますから、芽生えが生き残るチャンスは大きくなるでしょう。しかし、大きな種子をつくると、風を利用する限り、それを遠くまで飛ばすのは至難の業です。パラシュート型の種子の大きさとグライダー型の種子の大きさを比べると、一般的にグライダー型のほうが大きな種子をもっています。これは、大きな種子にパラシュートをつけてもふわふわ浮かないので無意味ということでしょう。つまり、遠くへ飛ばす必要があるときは、種子の大きさを犠牲にしてパラシュート型を選び、近くでも構わないときにはグライダー型を選んで大きめの種子をつくると推論できます。

種子を極限まで小さくして風に乗るようにしたのが、ランの仲間の種子です。たいていの場合、果実の中に埃のような細かい種子が入っていて、一粒一粒は肉眼ではよく形が判別できないほどの細かさです（図8・14、口絵18）ここまで細かくなると、別にパラシュートがついていなくとも、また大きな翼がついていなくとも、埃といっしょで、少しの風で舞い上がります。単純に種子の大きさを小さくすることによっても風を利用できるわけです。ダスト型といったところでしょうか。形だけでなく、大きさも機能と密接に関わるのです。

コラム　埃のような種子はどうやって芽生えるか

埃のようなダスト型の種子は、特別な構造がなくても風に乗ることができるメリットがありますが、一方で、中に貯蔵できる栄養の量は極限まで切り詰められてしまいます。そのような植物は、発芽してから光合成をするまでの期間をどのように乗り切るのでしょうか？

❖

光合成ができず、栄養を貯蔵もしていないのであれば、他人を頼るしかありません。つまり寄生です。ランの仲間の多くは、典型的なダスト型種子の植物ですが、第6章で紹介した菌根菌の仲間に寄生して栄養を横取りします。当然ながら菌根菌がいないところで発芽しても育つことはできませんから、種子の発芽自体が菌根菌に依存します。また、同じく第6章のコラムで紹介したストライガも、ダスト型種子の植物で、他の植物に寄生して栄養を横取りします。

このようなダスト型種子の植物は、これまでに少なくとも12の科で見つかっています。そして、これらの植物は、このような生活様式をそれぞれ独自に発明したことがわかっています。つまり、生物の進化の過程で一度だけ発明されて、それが多くの植物に広まったのではなく、別々に何度も進化したのです。ストライガを含むハマウツボ科の植物は他の植物に寄生しますが、その他の科の植物は菌根菌に寄生するものが多いようです。

ラン科の植物は、葉を広げると光合成を始めるものが多いのですが、ストライガは最後まで寄生生活から離れません。ただ、ダスト型種子なのに寄生がはっきりと確認されていない植物も多く、その生活様式にはまだ謎が多く残されています。

６　水を利用した種子の移動

水を利用するといえば、なんといってもヤシの実でしょう。「名も知らぬ 遠き島より流れ寄る 椰子の実一つ」[88]という詩の一節には、海面を漂うことによってヤシの果実が移動する様子が描かれています。絶海の孤島に取り残されたら、空き瓶に手紙を入れて海に投げ入れると昔から相場が決まっています。効率はよくなさそうに思えますが、種子を他の場所に届けようとしたら、ほとんど唯一の手段なのでしょう。他に考えられる手段としては、渡り鳥の足にくっつくぐらいでしょうか。

第６章で板根をもつと紹介したサキシマスオウノキも、水に浮く大きな果実をつけま

88　島崎藤村の詩の出だしです。念のため。中学のころ、国語の教科書に藤村と書いてあったのを「ふじむら」と読んで馬鹿にされたことを突然思い出しました。

す。これも海面を漂って広がるのでしょう。

水を利用する植物は海に限りません。池の岸などでよく見られる外来生物のキショウブは、やはり水に浮く種子をつけて繁殖域を広げます。沢沿いの湿潤地や川岸に見られるサワグルミの木も、渓流に果実を落として種子を散布するとされています。

海や池はよいとしても、川だと、種子が流れる方向は川下に決まってしまいますから、分布域が少しずつ川下に動いていって、最後には海にぶつかって絶滅してしまわないか気になります。実際には、少なくともサワグルミの場合は、水「も」利用するというだけで、果実には、葉が変化した翼がついていて、それによって回転しながら落ちるので、むしろ風を利用するほうが中心なのかもしれません。風水両用というわけでしょう。

では、水を利用するこれらの種子の形にはどのような特徴があると考えられるでしょうか？

❖

これらの種子の共通性を見ると、硬いのだけれど軽いといえそうです。特に海面を漂うような場合、水に漬かっている時間が長くなりますから、[89] 丈夫につくっておく必要があります。ヤシの果実のような大きなものから、キショウブのように小さな種子まで、かなり大きさにはばらつきがありますが、これは、想定される漂流時間によって決まるのかもしれません。大きいほうが頑丈になりますし、長い時間が経過しても発芽の能力を持ち続けられるということもあるでしょう。

木や草の各部分の比重は、もともとそれほど大きくありませんから、水に浮くこと自体はそれほど特徴的とはいえませんが、硬さの割には軽いといえるかもしれません。種類によっては、内部に空気室をつくって比重を軽くしています。

一方で、水草のように水中に根を張る植物の場合は、別の場所に定着するためには、永遠に浮いているのではなく、ある程度の時間がたったら沈むようになっていたほうがよさそうです。実際に、寒天のようなものに包まれて水に浮くオニバスの種子は、種子自体では水に浮くことができず、時間がたって寒天の部分が腐ると水に沈むようにでき

89　手紙の入った空き瓶の場合、National Geographic の記事によると、流されてから１０９年後に発見された例があるそうです。

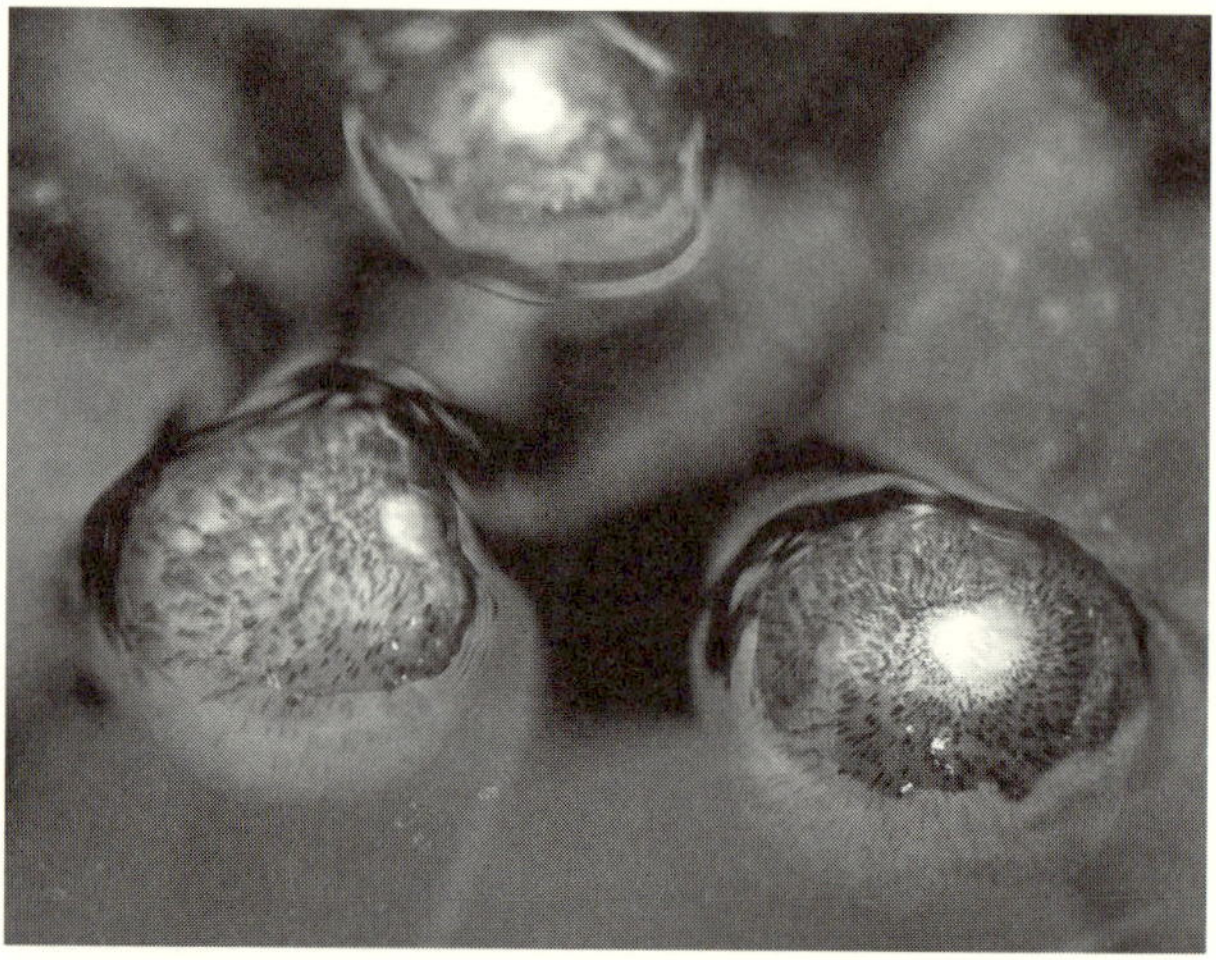

図8・15　オニバスの種子：福原達人博士（福岡教育大学）提供

ているそうです（図8・15、口絵19）。いわば時限沈没装置つきの種子です。

水を利用して種子が運ばれると一口にいっても、植物の生き方に応じてさまざまな工夫が凝らされていることがわかります。

第9章

草の形・木の形を決める要因

１　木の葉の向きと光を受ける効率

ここまでは、植物の、いわば個々のパーツの形について考えてきました。ここからは、パーツとパーツの関係や、植物全体の形について考えていきたいと思います。

まず手始めに、葉をつける角度を考えてみましょう。葉は、光を集めて光合成をするのが使命ですから、なるべくたくさんの光を集めることができる角度に葉をつけるのがよいはずです。ある角度から光が差し込んでいるときに、一定の面積の葉を使ってその光を集めようとしたら、どうしたらよいでしょうか。おそらく多くの人が、光の差し込む方向に対して直角に葉を置くでしょう。どれだけの光を集めることができるかは、葉がつくる影の面積を見ればわかります。葉が光を吸収するから影ができるわけですから。ちょっとやってみればわかりますが、たしかに光に対して直角に葉を置くと、一番影が大きくなります。

ただし、問題なのは、太陽の位置が一日の間でも刻々と変わることです。ある一時点で太陽の光に直角であったとしても、1時間後にははずれてしまいます。真昼には上から降り注ぐ太陽光も、朝晩には横から差し込みます。天体望遠鏡には自動追尾式のものがあって、天体の動きに合わせて望遠鏡の角度が自動的に変わります。光を集める効率を最大にするには、同じように、葉を太陽の方向に合わせて刻々と変えるのがよいはずです。しかし実際には、方向を変えるためには、それはそれで、複雑な仕組みとかなりのエネルギーを必要とするでしょう。ネムノキやオジギソウの葉（小葉）は、夜になると閉じますが、日中に葉の向きを太陽に合わせて変える植物を見かけないのは、そこにエネルギーを費やしても引き合わないのでしょう[90]。

ただし、夜と昼とで葉を動かすことによって、昼間に受ける光の量を増やしているの

90　じゃあ、ヒマワリはなぜ花を太陽に向かって動かしているのか、と思う人もいるでしょう。実際にヒマワリが動かすのはつぼみですが、その明確な「意味」は筆者にもよくわかりません。ただし、植物の動きは、人間が関節を曲げるのと違って、不均等な成長によって起こります。つまり、どうせ成長しなくてはならないなら、右と左を交互に成長させれば、エネルギーを追加で投入しなくても、左右に首を振るはずです。コストはそれほどかからないのかもしれません。

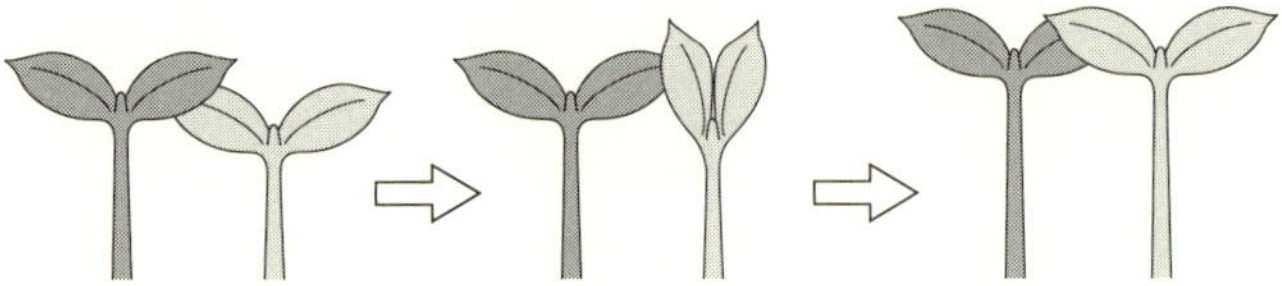
葉が下になって
いても
一度葉を上げて
おろすと
葉を上にもってく
ることができる

図9・1　葉を動かすことによって相手より上になる

ではないかという例はあります。２枚の葉を横に広げた同じようなサイズの植物が近接して生えている場合、一方の植物の葉が、もう一方の植物の葉の上になれば、光の獲得という面からすると圧倒的に有利になります。そのとき、もし、葉の角度を一度上げてもう一度下ろすという動きをすると、たとえ下になっていた葉でも今度は上になります。そのような動きをする植物としない植物が同じ場所に生えていれば、競争に生き残るのは葉を動かすほうの植物でしょう（図９・１）。ただし、この場合は、他の植物との競争上、葉を動かすことが有利になるのであって、光を受ける角度を変えるためではありません。では、葉の角度は一定に固定しなければならないとした場合には、どのような角度にするのが一番よいでしょうか？

❖

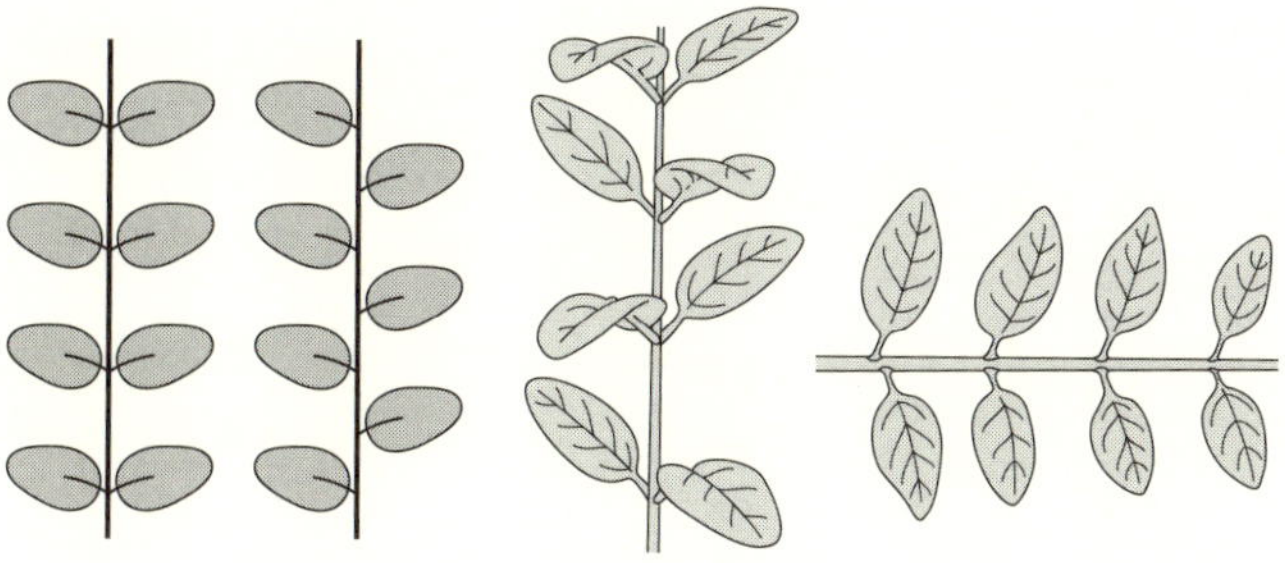

図９・２　植物の葉のつき方

具体的な角度は、緯度や季節によっても異なるでしょうが、大ざっぱにいえば、日本のような北半球の中緯度にある地域では、南側に少し傾けておくのがよさそうです。メガソーラーの太陽電池パネルもだいたいそうなっていますが、実際の植物ではどうでしょうか。

公園や庭の生垣には、当然ながら枝をいろいろな方向にどんどん伸ばす種類の木が使われます。そのような木には、葉を一対ずつ左右につけるもの（対生）も、交互に葉をつけるもの（互生）もあります（図９・２）。

そのような植物をよく観察すると面白いことに気づきます。例えば葉を対生する植物の場合、上に向けて垂直に枝を伸ばしているときは、ある位置に対生した葉の次の葉はだいたい90度角度を変えて対生することが多いので、上から見ると四方向に葉を伸ばすことになります。それぞれの葉は、大ざっぱにいって地面と平行になります。一方、枝自体が地面と平行に横に伸びる場合は、対生した葉はそれぞれ付け根でねじれて、すべての葉が左右に伸びて、表を上に向けます。

つまり、枝の伸びる方向がどうであれ、葉は上を向いてつくことになります。これは、葉の向く面が、枝との相互関係で固定されているのではないことを示しているといってよいでしょう。太陽の位置との関係が重要なのです。さらに、シロイヌナズナの葉は、重力によっても向きを変えると報告されていますから、光の情報と重力の情報を両方使って、植物は葉の向きを調節していることがわかります。

ただし、それぞれの葉が、単に上を向いているのではなく、少し南に向けて傾いているかというと、どうもそこまで厳密にはなっていないようです。これは、周囲に枝葉がある場合は、必ずしも南から光が射すかどうかわからないという点が大きいのかもしれません。大きな木の葉は、上を向きつつも、南というよりは、木の外側を向いていることが多いようです。これは、木の内側は、他の葉によって光が吸収されて暗いことを考えると当然でしょう。たとえ木の北側の葉であっても、南側の暗い内部に葉を向けるよりは、北側の明るい外側に向けたほうがよいのでしょう。[91]

2　草の葉の向きと光合成の効率

草の葉も、基本的には地面と平行に葉を伸ばすものが多いのですが、イネ科の植物などには、細長い葉を地面に垂直に近い角度で伸ばすものがあります。太陽の光が上から降り注ぐときには、縦に伸びた葉ではあまり影ができません。つまり葉の受ける光量は少ないことがわかります。それならば、もっと面積の小さい葉を、地面に平行に伸ばし

91　ここからわかるように、１枚の葉だけを考えたときの最適環境条件と、木の中の葉の最適環境条件は必ずしも一致しません。生物が存在すること自体が、環境を変えてしまうわけです。これを考えるとき、筆者はいつも、観測自体が対象を変化させてしまうという、量子力学の話が頭に浮かびます。この点については、第10章でもう一度取り上げます。

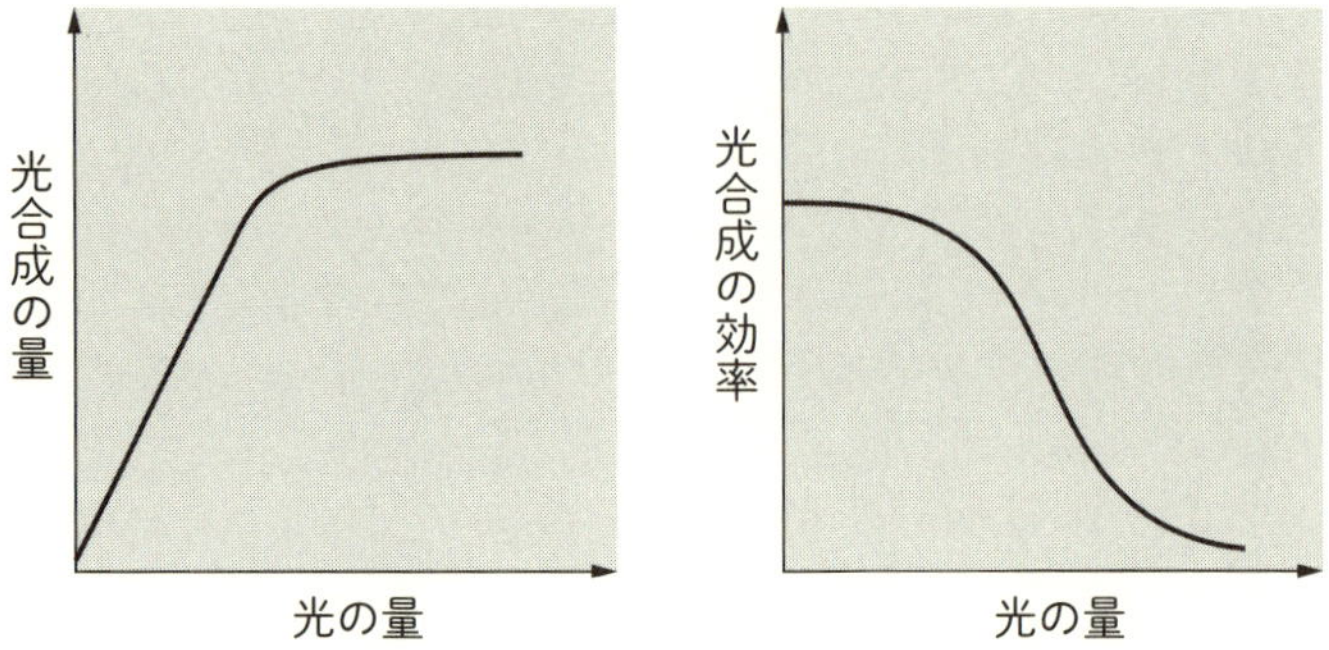

図９・３　光の量と光合成の効率

たほうが得なはずですが、どうして縦に葉を伸ばすのでしょうか？

❖

その大きな原因は、第４章でも少し説明した、光と光合成の関係にあります。葉に光を当てると、光が葉に吸収されます。もう少し強い光を当てると、もう少し多くの光が吸収されます。つまり、吸収される光の量は、当てる光の量にほぼ比例するのです。葉が光を吸収すると、葉は光合成をします。もう少したくさんの光を吸収すると、もう少したくさんの光合成をします。ただ、この関係は、先ほどと違って、光の量がある程度以上多くなると成り立たなくなります。光の量が多くなるにつれて、光合成の量が増える割合は小さくなり、どんなに光を強くしても、一定の値よりも多く光合成をさせることはできません。吸収した光あたりの光合成量、つまり光合成の効率は、弱い光のもとでは高いのですが、光が強くなるとどんどん落ちていってしまうのです[92]（図９・３）。

そのような光の量と光合成量の関係を頭において、もう一度葉の向きを考えてみましょう。例えば、草の茎のてっぺんに地面と平行に伸ばした葉を置いて、すべての光を吸収する植物を考えてみます。その場合、強い光を独占できますが、光合成は、先ほどの一定の値よりは大きくなりません。そして、茎の下のほうにたとえ葉があったとしても、そこには光がほとんど当たりませんから、そこではそもそも光合成ができません。

では、葉を斜めにしてつけた場合はどうでしょう。吸収する光の量を葉の面積あたりで比べると、少なくなりますが、光が弱いほうが光合成の効率は高いので、光合成できる量はそれほど低下しません。一方で、投影面積は小さくなりますから、その葉の下に別の葉をつけておけば、その葉にも光が届いて光合成をすることができます。上から下

92　この点については、第４章の３節でも似たような議論をしました。

までの葉の光合成の量を足し合わせれば、葉を斜めに伸ばす植物のほうが断然有利になることがわかります。

ただし、ここまでこの本を読み進めてきた方にはわかると思いますが、生物の話で「断然有利になる」などという言葉が出てきたら、まずは眉につばをつけるべきです。もしあらゆる環境で葉を斜めに伸ばすのが有利だったら、世の中には葉を地面と平行に伸ばす植物は存在しないはずだからです。では、どのような環境では葉を斜めに伸ばすのが有利で、どのような環境では葉を地面と平行に伸ばすのが有利になるでしょうか？

❖

まず、先ほどの議論では、光がある程度強いことが前提でした。光が強いと、光合成が飽和してしまうので、先ほどのようなことが起きるわけです。一方で、光が弱いところでは、光合成の量は、ほぼ光の量に比例しますから、葉を斜めにしたら、その分だけ光合成量が減ります。結果として、茎のてっぺんで、地面と平行に伸ばした葉ですべての光を吸収しても損をしません。それどころか、その場合には、斜めの葉に比べて小さな面積の葉で十分ですから、むしろ得をすることになります。光が強いところでは斜めの葉が有利で、光が弱いところでは、地面と平行に伸ばした葉のほうが有利になると考えてよさそうです。

もうひとつ考えなくてはならないのは、植物と植物の間の競争です。光が強いときは、葉を斜めにして、下のほうの葉でも光合成ができるようにすることによって全体としては有利になるという話でしたが、それはあくまで、一本の草だけがそこにあるときの話です。下のほうに別の植物が生えていて、その植物が光をそこで吸収してしまった場合には、別の植物の分も足して考えればより多くの光合成ができるかもしれませんが、上の植物にとってはむしろ不利になります。

このような競争を考えるうえでは、ゲームの理論が有効です。ゲームの理論でよく取り上げられる話題に、「囚人のジレンマ」があります。黙秘をしている共犯の２人に検察官が取引をもちかけます。「このまま黙秘をしていると懲役1年だぞ。自白して共

93　現在の日本では司法取引は認められていませんが、導入する方向で検討されていますから、将来は実際にこのようなシーンが見られるかもしれません。

	囚人Aが自白する	囚人Aが黙秘する
囚人Bが自白する	囚人Aは懲役5年 囚人Bは懲役5年	囚人Aは懲役10年 囚人Bは釈放
囚人Bが黙秘する	囚人Aは釈放 囚人Bは懲役10年	囚人Aは懲役1年 囚人Bは懲役1年

図9・4　囚人のジレンマ

犯者の犯罪を証言したら釈放してやろう」というわけです[93]。ただし、自分が黙っていて、共犯者が自白をした場合には、今度は懲役10年になります。また、どちらも自白をすると、どちらも懲役5年です（図9・4）。そのような場合、どちらも黙秘を貫けば懲役1年ですむのですが、自分の利益を考えて行動すると、それぞれが自白をして、どちらも懲役5年になります。自分の利益を考えると結果的に損をすることになるのがジレンマと呼ばれるゆえんです。

さて、光が強くて、斜めの葉をつけるほうが有利な状況であっても、そのなかに仲間を裏切って地面に平行な葉をつけて光を独占する植物が出現した場合、そちらの植物のほうが有利になります。まさに囚人のジレンマと同じで、すべての植物が斜めの葉をつけるとすべての植物にとって一番よい結果になるのですが、実際には裏切り者が出現すればそちらが有利になりますから、進化の過程ではそのような裏切り者が生き残ることになります。そのため、その手の競争が起こるところでは、たとえ、光合成的には斜めの葉をつけるほうが有利な状況であっても、地面に平行な葉をつける植物によって主に占められることになるのです。

これから考えると、斜めの葉をつける植物が優占する環境というのは、単に光が強いだけではなく、植物間の競争があまり激しくない場所に限られます。それを、さまざまな環境で定量的に調査するのはなかなか大変そうですが、そのような目でいろいろな場所の植物の葉の向きを観察してみると、新しい発見が生まれるかもしれません。

コラム　自分と他者の区別

生物間の競争を考える場合、少なくとも人間の視点からすると、そばの生物が自分なのか他者なのかを区別しなくては始まりません。人間の場合、見下ろしたら足が3本見えたとして、そのうちどれが自分の足かわからない、ということはないでしょう。しかし、植物の場合はどうでしょうか。動物と違って、感覚がどこか1か所で統合処理されているわけではないので、2本の根が出合ったときに相手が自分と同じ個体の根なのか、それとも別個体の根なのかを見分けるのは簡単ではないはずです。それを実際にはどうなっているかを、実験で確かめた人がいます。

アメリカ中部の平原に生えるバッファローグラスの根の生え方をポットに植えると、別の個体の根があっても構わずに根を伸ばすのに、自分の根があると伸ばし方を抑えるのが観察されました。これは、自分と競争しても仕方がないので納得できる反応ですね。それぞれの個体が、自分だけに特徴的な物質を分泌して「自分」であることがわかるよ

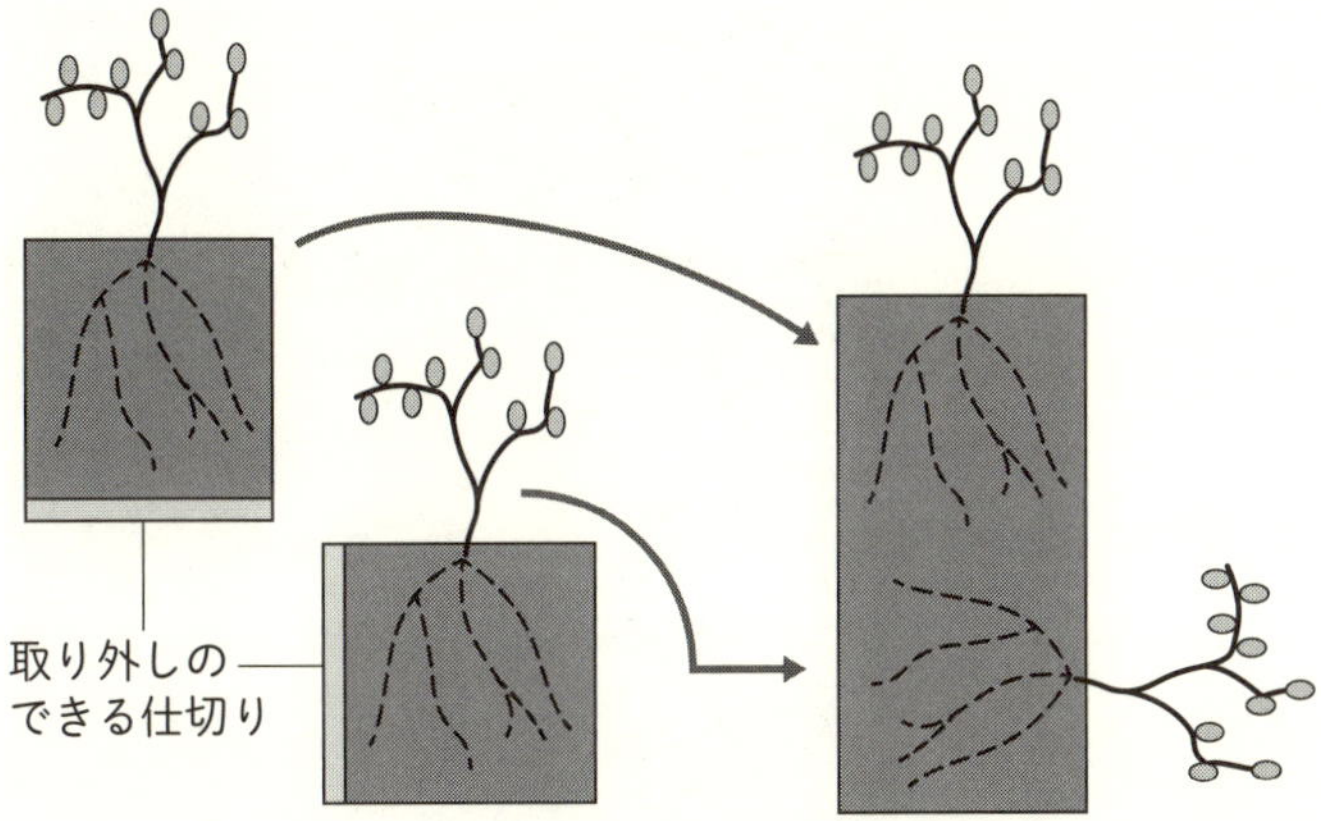

図９・５　バッファローグラスの根の実験

うにしているのかもしれません。

そこで今度は、ひとつの個体を２つに分割して、その片割れ同士の根がどのように伸びるかを観察しました。[94] そうすると、今度は相手と競争して根を伸ばしつづけたのです（図９・５）。もともとは同じ個体で、遺伝的には同一のはずですから、個体ごとに特徴的な物質があるのだったら、分割されても自分だと認識しそうなものです。そうではなかったとい

94　動物ではこの手の実験は難しいと思いますが、植物の場合は単に株分けをすればよいのです。クローン羊のドリーは一般にも大きく取り上げられましたが、株分けをしてクローン植物をつくっても、誰にも褒めてもらえません。

図9・6　ツバキに絡みつくヤブカラシ

うことは、一個体としてつながっているときだけに同調するような特別な仕組みがあることを意味しています。
　それでは、根ではなく地上部ではどうでしょうか。何か物質を分泌しても、すぐに風で流されてしまうでしょうから、自分と他者を区別するのは難しそうです。事実、枝の伸ばし方などについて、自分と他者を認識して伸ばし方を変えているという実験結果は得られていません。
　しかし、つるで巻きつく場合には、物理的に接触しますから、もしかしたら自他の認識をしているかもしれません。身近に見られるヤブカラシ（図9・6、口絵20）という、つる植物で実験した例が報告されています。その実験によると、自分には巻きつきにくく、また、2つに個体を分割して育てると、他の個体と同じように巻きついたとされています。

とすれば、バッファローグラスの根の場合と同様に、遺伝的に同一であっても、切り離されるとそれによって変わる何かがあって、それを感知して自他を区別していることになります。ここには、遺伝的に決まってしまう動物の免疫などのシステムとはまったく異なる仕組みがあるはずですが、具体的なメカニズムについては謎のままです。

3. 木の形を決めるもの

次に木の形を考えてみましょう。世の中の木を横から眺めてみると、クリスマスツリーのように、木のてっぺんを頂点に、二等辺三角形のように枝を伸ばす木や、てっぺんはとがっているけれども、今や落ちようとしている水滴のように下側は丸くなっている木や、全体が縦長の楕円形をしている木、逆三角形で上側の一辺に葉をつける木など、さまざまな形の木があります。都会で見かける木は、剪定《せんてい》されているものが多いので、必ずしもそれが自然の姿だとは限りませんが、上手な庭師は、その木のもともとの性質に合わせて剪定の方法を変えますから、[95]木の性質の一端は、都会の木からもうかがい知ることができます。

木の形の多様性はどこから生まれたのでしょうか。当然のことながら、光などの環境が変われば、木の形が変わることは予想されます。例えば、ごくたまに工事現場などで、幹の片側だけに枝を伸ばしている木を見かけることがあります。枝が切り払われたのかと思って幹を見ても、切った跡はありません。そのように、元からある特定の方向に枝を伸ばしていない場合は、何らかの理由でそちら側に光が当たっていなかった可能性が考えられます。

一番多いのは、２本の木が隣接して生えていたのに、そのうち1本だけを切り倒した場合です。隣接して生えている木が、それぞれお互いの方向に枝を伸ばしても、すぐに重なって光が当たらなくなりますから、ほんの小さな枝のときに枯れてしまって、間には枝が見られなくなるわけです。1本の木の形を見るだけで、今となっては存在しないもう1本の木が実在していたことを、シャーロック・ホームズのように見破ることができます。

では逆に、隣接した2本の木の間で、枝が交錯するように伸びていたとしたら、そこから何がわかるでしょうか？

❖

95　上手な教育者も、学生の性質に合わせて教育方法を変える必要があるのですが、これがなかなか難しいのです。

おそらく、植物学の世界のシャーロック・ホームズは、2つの可能性を考えるでしょう。ひとつは、それらの木がもともとは別の場所に生えていて、それが人の手によって同じ場所に移植された可能性です。これは、先ほどの片方の木が切られた場合と逆のケースといってよいでしょう。

もうひとつは、2本の木が別々の種類の木であって、光に対する反応の仕方がまったく異なる場合です。同じ空間に伸びた2本の枝が共存できないのは、光という同じ資源を取り合うからです。しかし、強い光を必要とする樹木（陽樹）と、弱い光のもとでも生育できる樹木（陰樹）では、同じ光に対してであっても、応答が異なります。陰樹が先に枝を伸ばしている暗い空間に陽樹が新しく枝を伸ばすのは難しいでしょう。けれども、陰樹ならば、陽樹が先に枝を伸ばしている空間であっても、その暗さに耐えて、そのまま枝を伸ばすことが可能です。明らかに人間が移植したわけではなさそうな場所で枝が交錯しているときは、このように陰樹と陽樹の組み合わせである場合が多いようです。

同じ種類の木の間の光の取り合いは、枝先の形にも見ることができます。まばらに植えられた同じ種類の大木が枝を伸ばしてちょうど空を覆っているような場所に行って上を眺めると、別々の木から伸び出た枝が、ちょうどお互いがぎりぎり重ならないように接しているのを見ることがあります。心立てが優しい人はこれを見て「さすが植物はお互いに争わず、自らの分を守って共存共栄していて立派だ」と感動するのですが、実際には、その裏には熾烈な競争があります。

植物は、人間のように、どこかにある頭脳によって戦略を考えて枝を伸ばすわけではありません。また、ある空間に十分光があるかどうかは、その空間に枝を伸ばしてみるまではわかりません。にもかかわらず、明るい空間に枝を伸ばして、暗い側には枝を伸ばさないように見えるのは、その裏に数限りない試行錯誤があるためです。ともかく伸ばせる場所に枝を伸ばしてみて、そこに光が十分にあれば、存分に光合成をして、さらに枝を伸ばしていきます。一方、もし暗い環境だった場合には、光合成ができず、それ以上枝を伸ばすのが難しくなるだけではなく、場合によっては枯れてしまうこともあります。

当然ながら2本の木が同じ空間に枝を伸ばせば、どちらか勝ったほうが生き延びて、負けたほうの枝は枯れて落ちることになります。[96]そのような試行錯誤の最後の結果だけ

96　植物の世界ですら冷酷な競争が繰り広げられているとすると、人間社会で紛争が絶えないのも無理はないかもしれません。ただし、そのように考えるのであれば、万物の霊長などという思い上がりは捨てないといけませんね。

をみると、あたかも植物が明るいところへ、競争の少ないところへ、意図をもって枝を伸ばしているように見えるわけです。

コラム　木の形のシミュレーション

樹木の形が環境によって決まるとすれば、それを計算機のシミュレーションによって示すことができないかと考えた人がコーネル大学にいました。枝が二又、二又に分かれて細くなっていく木を仮定して、その分岐の角度や、枝の出る方向、そして分岐の頻度を変えて、どのようなときに一番有利になるかを計算したのです。

その際には当然「何が有利になるか」という問題設定が必要です。実際には、光をどれだけ獲得できるか、物理的にどれだけ安定になるか、どれだけ子孫を増やせるか、そして、どれだけ表面積を減らせるか、という4つの項目で評価しました。

すると、予想されたことですが、光の獲得を最大にしようとすると、上部に枝を水平

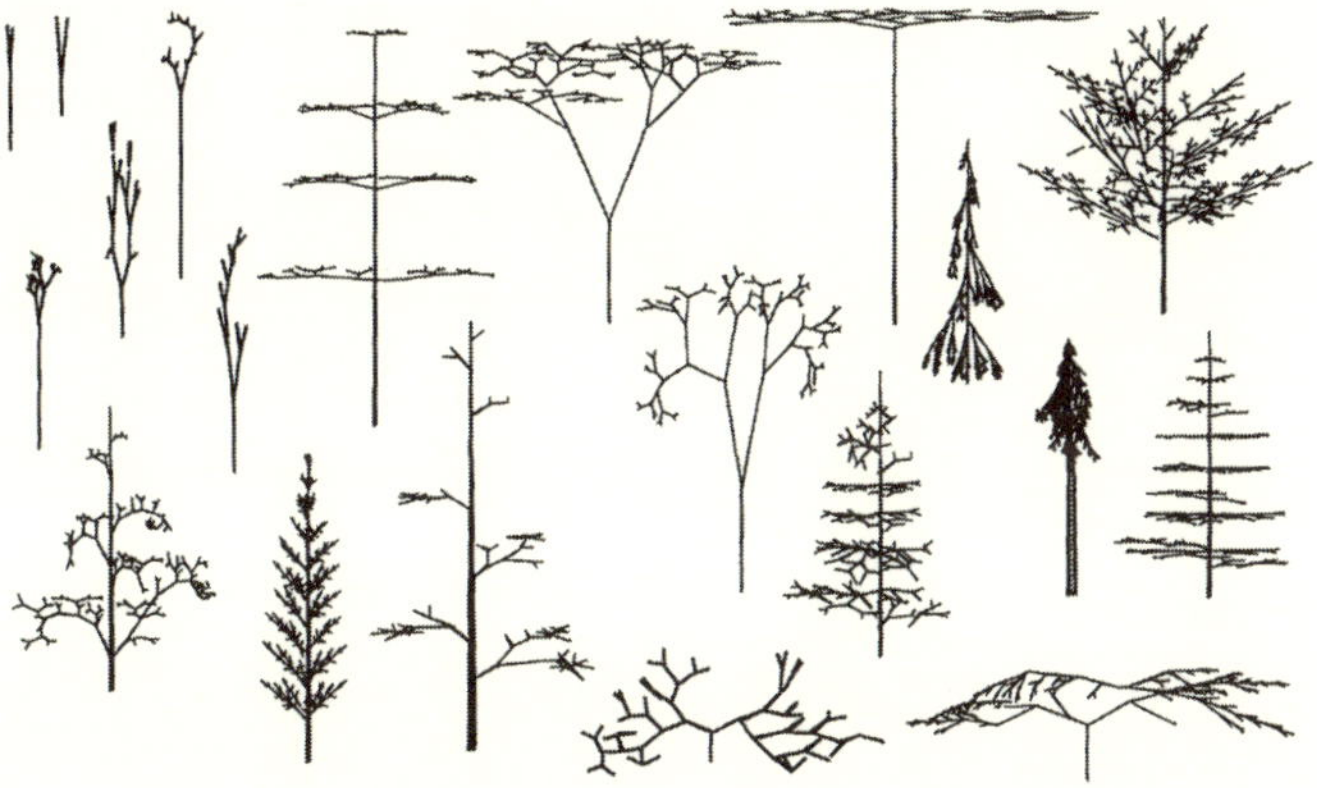

図９・７　樹形のさまざまなシミュレーションの結果
(Karl J.Niklas (1997) American Journal of Botany, 84:16-25の図６を転載)

に展開するような樹形が現れました。物理的な安定性を最大にしようとすると、下にいくほど幹や枝が多くなる形が主に見られます。繁殖の効率を上げようとすると、種子などを高いところから散布したほうが有利になるので、すっと伸びて上のほうでチョコチョコ枝分かれする、逆さまに立てた箒《ほうき》のような形になります。また、表面積を最小にしようとすると、小さく貧弱な樹形が現れます。

　これだけだったら、「なるほどね」といわれておしまいでしょうけれども、面白いのはその次です。個々の項目を別々に評価するのではなく、同時に評価しようとすると、樹木の形に格段の多様性が生まれたのです。枝が2本に分岐していくだけという単純なシミュレーションであるにもかかわらず、4つの項目を同時に最適化しようとすると、どこかで見覚えのあるさまざまな形の樹形が生まれます（図9・7）。表面積を最小にするという評価基準を除く3つの項目を同時に最適化する場合でもほぼ同様の多様性が得られましたから、表面積を最小にするという要求は、それほど樹木の形を規定していないのでしょう。

この結果から2つのことがわかります。ひとつは、現実の木の形は、光の獲得、物理的安定性、繁殖の効率という3つの要因でほぼ説明がつくという点です。もうひとつは、複数の要求を同時に満たそうとすることによって多様性が生まれるということです。ひとつの要求だけに特化した場合には、大きな多様性は生まれません。こちらの点については、第10章でもう少しきちんと考えてみます。

第10章

生物と環境のかかわり

1　専門家タイプと万能タイプ

本章では、最後のまとめとして、植物の形の多様性を生み出す生物と環境とのかかわりについて考えてみることにします。

一口に環境といっても、植物を支える光合成の機能が直接かかわる要因だけでも、光や二酸化炭素、水、風などさまざまなものがあることをこれまで見てきました。そして、植物にとって光合成がどれだけ大事だったとしても、その植物がその環境で繁栄しつづけられるかどうかは、光合成だけでは決まりません。生命の進化を考えると、最終的には植物が子孫をどれだけ残せるかという一点から評価されることになります。光合成ができなければ、普通の植物は子孫を残せませんが、逆にいくら光合成ができても、子孫をつくれなければ1代でおしまいです。その環境からその種類の植物は消え去るでしょう。

数多くの環境要因に対する植物の応答の仕方が、どれだけ子孫を残せるかという一点によって評価されるのは、ちょうど、学校で多くの科目の試験があるけれども、それらの総合点で進学や留年が決まるのといっしょです。さて、そこで、小学校のころを思い出していただきたいのですが、クラスにはたいてい○○博士というのがいて、昆虫なり、電車なり、特定のことについてならこの子に聞けばわかるという子供がいたのではないかと思います。そのような子供は、特定の狭い範囲についてはいわばスペシャリストですが、その範囲を外れると、必ずしも知識が豊富なわけではありません。専門家タイプといってよいでしょう。一方で、特に何かに深い洞察を示すわけではないけれども、何事もそれなりにこなす万能タイプの子供も当然います[97]。

生物の環境に対する応答についても、同様に専門家タイプと万能タイプが見られます。第1章で議論したサボテンなどは、さしずめ専門家タイプの横綱でしょう。砂漠のような極度に乾燥した環境では、その専門家としての技量が遺憾なく発揮されますが、日本

97　おそらく想像がつくのではないかと思いますが、筆者自身はまさに専門家タイプの子供でした。

のように普通に雨の降る環境では、逆に普通の植物に圧倒されて、生きていくことができません。一部の高山植物なども専門家として捉えることができるでしょう。何を好き好んで高山の厳しい環境に生きているのだろうと思うかもしれませんが、下界で有象無象とくだらない競争を繰り広げるよりは、高山の厳しい環境に特化して専門家として孤高を生きるほうが楽なのかもしれません[98]。

一方で、「雑草」といわれる植物は、どちらかというと万能タイプでしょう。ある程度環境が違っても、そこそこ生きていくことができるので、あちらこちらで目にします。ただし、ここでいう「万能」は、「すべての条件で一番である」という意味ではないことに注意する必要があります。実際には「広い範囲の条件でそこそこである」という意味です。そもそもすべての条件で一番であったら、その植物が全世界を覆い尽くしてしまうでしょう。しかし、万能タイプの植物は、特定の環境においては、その環境に特化した専門家タイプの植物に負けてしまいます。これが植物の多様性を生み出すひとつの要因となっています。

例えば、タンポポと高山植物のコマクサをさまざまな環境条件で栽培した場合、コマクサは、特定の環境条件以外では生きていけないのに対して、タンポポは比較的広い範囲の環境条件で生きていけるでしょう。しかし、高山にコマクサとタンポポを並べて植えれば、必ずコマクサが生き残るでしょう。専門領域においては人より優れているからこそ、専門家といえるわけです。

そうすると、場合によって面白い現象が見られます。アカマツはどちらかといえば万能タイプで、さまざまな環境に侵入することできます。ところが、実際にアカマツが生えている場所は、土地が痩せているなど、他の植物から見るとあまり食指が動かない場所が多いのです。ただし、これはアカマツが痩せた土壌に特化した専門家であるということではありません。実際には、アカマツを単独で植えれば、痩せた土地よりも肥えた土地でよりよく生育します。しかし、肥えた土地では、そこに特化した専門家との競争に負けるので、痩せた土地でも肥えた土地でも生育できる万能タイプのアカマツが、実際には痩せた土地に見られるようになるのです[99]。

98　何を「厳しい」と感じるのかも植物によって異なるでしょう。高山植物は、なぜ多くの植物が下界のあんな暑いところでがんばっているのかと不思議に思っているかもしれません。

99　なんとなく、器用貧乏という言葉が頭に浮かびます。

2　多様な評価軸による評価

では、さまざまな要因の組み合わせで決まる環境において、それぞれの要因に対して別々の反応の仕方をする植物のうち、どの植物が生き残るかは、どのようにして決まるのでしょうか。

まず、簡単な例で考えてみましょう。例によって砂漠を考えてみます。砂漠に生きる植物にとって重要なのは、どれだけ乾燥に耐えられるかという乾燥耐性です。もちろん、乾燥耐性が同じなら、「強い光を有効に利用できる」「高温に強い」「夜昼の温度差が大きくても平気」といった別の要因で優劣が決まることもあるかもしれません。しかし、砂漠においては、乾燥耐性に少しでも差があれば、それによって生き残れるかどうかがほぼ決まってしまいますから、おそらくは植物の性質で評価されるのは乾燥耐性に絞られるでしょう。その場合、学校の成績を数学のテストだけで決めるようなものですから、おそらく特定の専門家タイプの植物が他の植物を大きく引き離して有利になるでしょう。砂漠の植生が単調であって、少数の種類の植物によって占められている理由はこのあたりにありそうです。

一方で、より極端ではない環境ではどうでしょうか。その場合には、光や温度、水などさまざまな要因が絡み合いますから、ひとつの特別な要因によって生存が決まるということはないでしょう。つまり、先ほどの学校の例でいえば、すべての教科の試験の総合点で評価される場合に相当します。ただ、試験の総合点といっても、全科目の平均をとるのか、それとも主要教科に重みをつけるのか、さらには日ごろの平常点を考慮するのか、一筋縄ではいきません。同様に、どの環境要因が重視されるかは一概にはわかりませんし、さらにそれらの要因は季節とともに変化していくことも考えられますから、単にひとつの時点で、その環境の要因を一回評価すればよいというものでもありません。時とともに、どの植物が一番有利になるかは移り変わっていくでしょう。いわば、いろいろな科目の抜き打ち試験が毎日のようにある学校のようなものです。[100]

100　学生から見ると大変に思えるかもしれませんが、年を取って思うに、現実の人間社会も似たようなものかもしれません。

図 10・1　いろいろな面から評価すると多様性が生み出される

しかも、サボテンのように乾燥耐性というひとつの環境要因にぴったり合うように自分の体を変えた場合、それによって光を受ける効率など、別の環境要因に対しては、むしろマイナスの作用をもたらしかねません。言葉を変えれば、別の環境要因にも対応しようとすると、サボテンのように乾燥耐性に特化するのは難しくなるわけです。結果として、多くの植物は万能型にならざるを得ません。すると、乾燥耐性などのそれぞれの要因に対して完全に対応することはできなくなりますから、砂漠におけるサボテンのように、他を引き離して圧倒的に有利になる植物は存在しなくなります。温和な環境が、多様な生命に満ちあふれている理由はこのようなところにあるのでしょう。

ひとつあるいはごく少数の要因によって評価される場合には、その要因に特化した少数の生物が他の生物に比べて非常に有利になるのに対して、数多くの多様な要因によって評価される場合には、ひとつの正解は得られず、さまざまな「解」が存在して多様性が生み出されるのです[101]（図10・1）。

101　最近、入学試験でも、多面的な評価を「売り」にする例がそこここで見られます。そのような多面的な評価は、たしかに入学する学生の多様化につながるでしょう。しかし、その多様性は、ここで見たように、評価軸の多様化によって、総合評価に差がつきにくくなってもたらされるのです。評価には誤差がつきものであることを考えると、評価軸の多様化を突き詰めると、結局、くじ引きで決めるのと変わらなくなるはずです。くじ引きで合否を決めれば、学生が多様化するのは当たり前の話です。入試制度などを考えるにあたっては、そのあたりをきちんと考える必要があるでしょう。

3　生物の多様性の源

生物の多様性の源泉について整理してみましょう。多様性のひとつの源は、さまざまな環境要因の相互作用です。ひとつの環境要因に特化すると、別の環境要因に十分適応できないことが多様性を生み出します。さらに、その環境要因が一定ではなく、時間とともに変化していくことも多様性を生み出します。第5章で取り上げたカタクリは、早春という季節の専門家といってもよいでしょう。特定の環境が実現する時期がそれぞれ存在することによって、複数の種類の植物が同じ場所に生育することが可能になるわけです。

そして、もうひとつ状況を複雑にするのが、植物自身の環境への影響です。例えば、見渡す限り平らな地面が広がっている環境を想像してください。そこには日陰ひとつありませんから、直射日光の下では光が強すぎて枯れてしまう植物は入り込むことができません。しかし、そこに直射日光を好む大きな植物が先に入り込めば、今度はそこに、その植物による日陰ができます。そうすれば弱い光を好む植物も入り込めるようになります。これは、ごく単純化した設定ですが、一般に、植物が生長することによって環境自体もダイナミックに変化します。そして、そのことが環境に多様性をもたらし、ひいては生物の多様性を増すのです。

また、病気や害虫の存在も植物の多様性を左右します。例えば、水田ではイネの病気や害虫が大きな問題となります。この原因のひとつは、イネを好む害虫や病原菌にとって、水田は、大きな食糧貯蔵庫のようなものである点にあります。害虫が一本のイネを食べ終えて周りを見回せば、いくらでもイネがあるわけですから、ひょいと隣に移動して新しいイネにありつくことができます。害虫にとってはまさに天国です。

植物は、そのような食害を防ぐために、害虫にとっては毒になる成分を体につくることがあります。しかし、一部の害虫は、その毒を解毒する仕組みを進化させることがありますから、結局はいたちごっこです。イネは一般的な意味での毒はもちませんが、葉はケイ酸を含んでいて硬く、外敵に食べられにくくなっています。それでも、進化の過程で、今度はケイ酸を含む葉でも食べることができる昆虫が現れることになります。イ

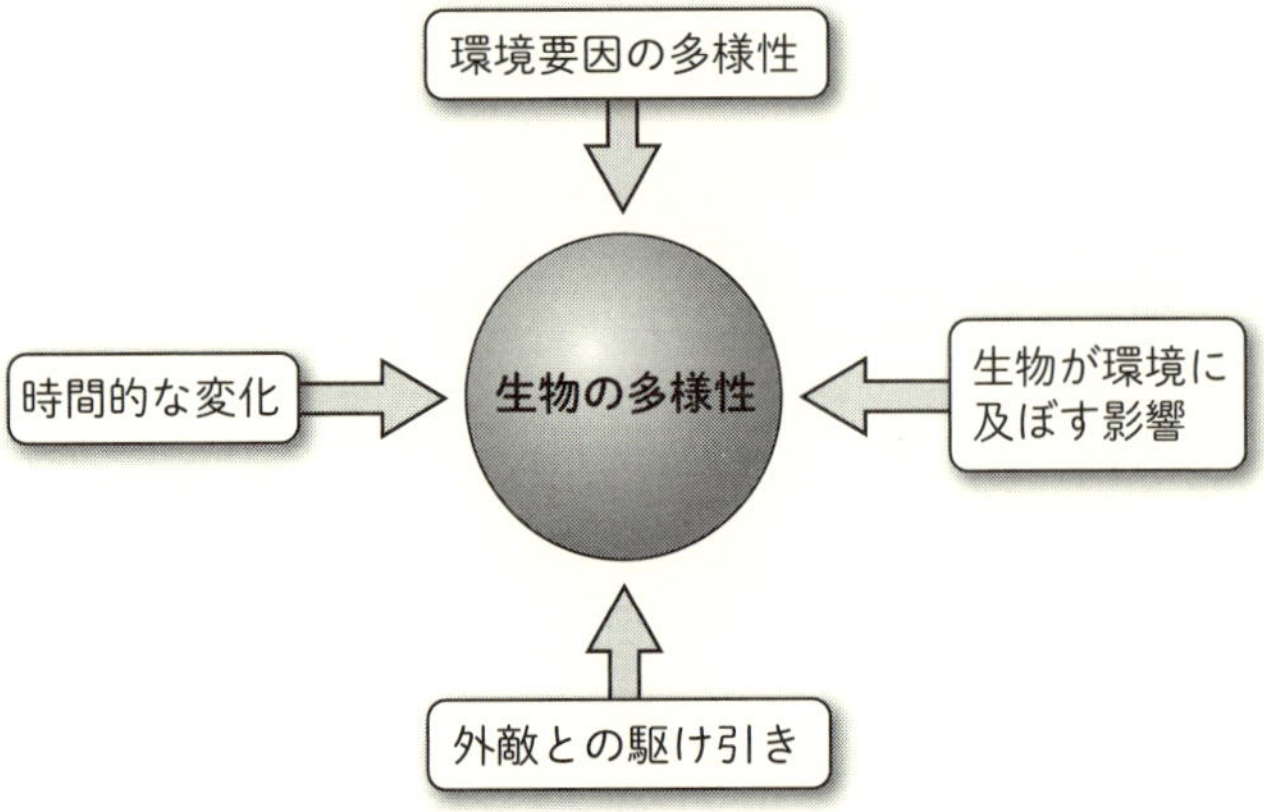

図 10・2　多様性を生み出すもの

ネばかり植わっていれば、そのような昆虫を避けることはできません。人間は殺虫作業に追われることになります[102]。

しかし、もし、多様な植物が地面を覆っているなかで、同じ種の植物がぽつん、ぽつんとしか生えていなかったらどうでしょう。それぞれの植物は、それぞれの防御手段をもっています。その防御をかいくぐるように進化した害虫もいるはずですが、それは、特定の防御の手段をもつ植物に対してのものです。つまり、その害虫が食べることができるのは、特定の種類の植物に限られるわけです。そうすると、防御手段をかいくぐってある植物を食べたとしても、その植物を食べ終えて周りを見回すと、周囲は種類の異なる別の防御手段をもっている植物です。その害虫が食べられる植物は見つかりません。多様な生態系のなかでは、水田のようにはいかないのです。つまり、単調な生態系のなかの植物ほど害虫などに弱いことになりますから、害虫や病気の存在は、生態系を多様化する方向にはたらくはずです。

植物の多様性を生み出すものは、環境要因の多様性に加えて、時間的な変化、植物が環境に及ぼす影響、そして外敵との駆け引きがあります（図10・2）。それらを単純化して理解するのは簡単ではありません。しかし、生命が周囲の環境と密接にかかわりながら進化してきた結果、現在の多様性が生まれたことだけは確かです。そして、その多様性こそが、地球の生態系を安定に保ち、維持することに役立っているのです。

あるひとつの場所で環境がどれだけ多様かを実感するのは難しいかもしれませんが、そこに生えている植物の多様性を観察すれば、環境の多様性を見積もることができます。

102　イネをまとめて同じ場所に植えることは、栽培や収穫の手間を考えると「効率的」です。しかし、どのような場合でも、効率を考える場合には必ず複数の評価軸が必要です。そして、ある評価軸で評価した場合に効率的な手段が、別の評価軸で評価すると非効率的な例は、ここで示したようにいくらでもあります。効率化を旗印にした主張に耳を傾けるときには、複数の評価軸によって検討しないと、後悔することになりかねません。

それは、都会のなかの公園でも構いませんし、そこにきちんと植えられている植物だけに限る必要もありません。むしろ、人間がタネをまいたわけではないのに顔を出した植物にこそ、環境の多様性の秘密が潜んでいるのです。

おわりに

筆者は小学校から中学校のころ園芸少年で、化学少年でもありました。さまざまな宿根草や低木を買ってきては、庭に植えて楽しむ一方で、大学の化学の参考書を愛読して、怪しげな化学物質をつくる実験などをしていました。

高校の生物の先生は、授業に教科書をまったく使わず、自分の面白いと思うところしか教えませんでした。1年間、遺伝の話しかしないといった調子です。進学校ではなかったからできたのでしょうね。そのような生物の話は非常に面白かったのですが、受験を考えて教科書を見るとまったくの暗記科目としか思えません。大学の受験科目では、迷わず物理と化学を選びました。

大学に入って生物の講義を聴くと、これがまたなかなか面白いのです。生物においても、科学的な考え方の論理の筋道がきちんと通っていることがわかります。卒業研究から光合成の研究を始めて、そのまま研究一筋、いわば生物を生涯の生業としました。

あるとき、高校の生物の教科書の執筆者にならないかと誘われます。これは千載一遇のチャンスに思えました。あの、生物学の面白みを伝えられない、暗記だけを要求する教科書を変える絶好の機会です。喜び勇んで執筆チームに入ってわかったのは、教科書検定、高校教育、大学受験という3つのシステムを変えない限り、個人でできることは限られるという悲しい現実でした。

またしばらくたったあるとき、今度は一般向けの科学啓蒙書の執筆を依頼されました。これならば、重っ苦しい枠にとらわれずに書くことができそうです。自分の専門である光合成研究の面白みを存分に伝えようと張り切って書きました。結果としては、なかなか好評で、今では「高校のときに先生の本を読みました」という学生が、大学に入学してきてくれるようになりました。その後もう一冊光合成の本を書いて、さて次は、もう少し広く植物の面白みを伝えたいな、と思っていたときに、ベレ出版の永瀬敏章さんから、何か本を書かないかというお誘いがありました。少し相談して、植物の形の意味を考える本を書こう、ということになりました。植物の形は、誰の目にも見えるのですが、じつはさまざまな機能を反映しているものであることを伝えたいと思ったのです。

しかし、筆者自身は光合成の専門家であっても、形の専門家ではありません。そこで、東京大学で生理生態学的な観点から植物の形を研究している舘野正樹さんと、同じく東京大学で進化発生学的な観点から植物の形を研究している塚谷裕一さんに、執筆した原稿を読んでいただきました。そして数多くのご意見をいただきました。

お二人とも礼儀正しいので、表現はやわらかいのですが、「この考えは妄想です」あるいは逆に「この考えは専門家には当たり前のことです」といったご指摘が多くありました。形の専門家ではない人間が、植物の形の意味を、いわば素人の視線から考えて書いたために、そのようなコメントをいただくことになったのだと思います。それらのコメントにしたがって書き直した部分もありますが、一部の妄想は、「妄想かもしれない」と明記したうえでそのまま残したものもあります。それは、「考える」ことのほうが、「正解を述べる」ことよりも大切だと思うからです。この本で受験勉強をする人はいないでしょうから、まあよいのではないかと。

というわけで、この本を書くにあたっては、舘野正樹さん、塚谷裕一さん、永瀬敏章さんにたいへんお世話になりました。また、せっかく植物の形を紹介する本なので、なるべく写真を載せたいと思い、多くの方にご協力をお願いしました。図版をお願いした藤立育弘さんには、筆者の勝手な注文により何度も描き直していただきました。ご協力いただいた方々にお礼を申し上げます。

この本が、植物のことを考えてみるきっかけになることを期待しています。

２０１６年３月

園池　公毅

植物の形を考えるうえで参考になる本

この本を読んで植物に興味をもった方のために、植物の形と生活を紹介した本や、植物と環境のかかわりを研究する生態学の本、そして植物の生活を考えるうえでの基礎となる光合成について書いた本を紹介しておきます。

Ⅰ．植物の形と生活を紹介した本

●日本植物生理学会編『これでナットク！ 植物の謎』講談社、２００７年

●日本植物生理学会編『これでナットク！ 植物の謎 Part2』講談社、２０１３年
　日本植物生理学会は、学会のサイトに質問コーナーを設けています。そこに寄せられた植物に関する質問と、それに対する専門家の回答を選りすぐってまとめたものです。植物の生き方についてのさまざまな疑問が解消します。

●舘野正樹著『日本の樹木』ちくま新書、2014年

日本で身近に見られる樹木について、単に樹木の形態的な特徴を紹介するのではなく、その形態の背景にある樹木の生活様式が何だろうかと考えながら書かれたことがうかがわれる本です。

●多田多恵子著『身近な植物に発見！ 種子たちの知恵』NHK出版、2008年

対象は種子に絞られますが、植物の形が、その機能をどのように反映しているのかがよくわかります。写真も豊富で、パラパラめくるだけでも楽しい本です。

●多田多恵子著『したたかな植物たち――あの手この手のマル秘大作戦』SCC、2002年

前掲の書籍と同じ著者がより幅広く植物の生活を語ります。そして、ここでも、その生活ぶりが、植物の形に反映されていることがわかるでしょう。

●田中法生著『異端の植物「水草」を科学する』ベレ出版、2012年

水草に特化した本というのは珍しいのですが、研究の面白みがよく伝わる名著です。水草という、ある意味で特殊化した植物を研究することによって、逆に植物の普遍性が浮き彫りにされます。

●「植物の軸と情報」特定領域研究班編『植物の生存戦略』朝日新聞社、２００７年
特定領域研究という研究費を受けたグループによる研究成果の公開の一環として発行された本です。現在は品切れのようですが、植物の形づくりに関しても、最先端の研究成果が紹介されています。

２．生態学の本

●種生物学会編『光と水と植物のかたち ―― 植物生理生態学入門』文一総合出版、２００３年
植物の形について環境とのかかわりを中心に10名の研究者が解説した教科書です。測定方法などにも重点が置かれていて、研究を始めたばかりの大学院生あたりが読者に想定されているようですが、文章は平易で、特に研究者でなくとも読み進めることができると思います。

●寺島一郎著『植物の生態』裳華房、２０１３年
生物と環境とのかかわりを調べる学問である生態学の教科書です。物理学的な観点からの解説をきちんとしているのがこの本の特徴で、生物といえども物質からできていて、環境との相互作用も物理法則に従うことがよくわかります。

●寺島一郎他著『植物生態学』朝倉書店、２００４年
　これも植物の生態学の教科書です。研究者向けで、お値段もなかなかのものですが、非常にさまざまな面から植物と環境のかかわりを捉えていて、読めば必ず新しい発見があるでしょう。

3. 光合成の本

●園池公毅著『トコトンやさしい光合成の本』日刊工業新聞社、２０１２年
　イラストと本文が1対1の割合で、光合成のさまざまな観点を解説した本です。内容は、光合成生物の進化から光合成の仕組み、農業とのかかわり、人工光合成、果ては宇宙における光合成まで幅広く取り上げています。

●園池公毅著『光合成とはなにか』講談社ブルーバックス、２００８年
　光合成の基本的な仕組みをやさしく解説した本です。ブルーバックスの一冊ですが、やさしくとはいっても、普通に大学向けの教科書で教わる内容はほぼカバーしていますから、光合成の基本知識を得るためにも使えます。

●東京大学光合成教育研究会編『光合成の科学』東京大学出版会、２００７年

光合成を研究対象としてきちんと勉強しようとした場合にお勧めの一冊です。出版当時東京大学にいた８名の光合成研究者が、分担して光合成のメカニズムと最新の研究内容を解説しています。

著者略歴

園池 公毅（そのいけ きんたけ）

1961 年生まれ。
早稲田大学 教育学部 理学科 教授。
東京大学 教養学部卒、同大学院 理学系研究科 博士課程修了（理学博士）。
専門は植物生理学。
東京大学 大学院 新領域創成科学研究科 准教授などを経て現職。
主な著書に『光合成とはなにか』（講談社ブルーバックス）、
『トコトンやさしい光合成の本』（日刊工業新聞社）など。

植物《しょくぶつ》の形《かたち》には意味《いみ》がある

2016 年 4 月 25 日　初版発行

著者	園池《そのいけ》 公毅《きんたけ》
DTP	WAVE 清水 康広
図版	藤立 育弘
校正	曽根 信寿
カバーデザイン	オフィスキントン 加藤 愛子

発行者	内田 真介
発行・発売	ベレ出版 〒162-0832　東京都新宿区岩戸町12 レベッカビル TEL.03-5225-4790 FAX.03-5225-4795 ホームページ　http://www.beret.co.jp/ 振替 00180-7-104058
印刷	モリモト印刷株式会社
製本	根本製本株式会社

落丁本・乱丁本は小社編集部あてにお送りください。送料小社負担にてお取り替えします。

ISBN 978-4-86064-470-3 C0045　編集担当　永瀬 敏章

観察する目が変わる 植物学入門

矢野興一 著

A5 並製／本体価格 1700 円（税別）■ 224 頁

ISBN978-4-86064-319-5 C2045

私たちの身のまわりには、たくさんの植物がありますが、ふだんよく目にする植物でも、意外と知らないことばかりです。図鑑やハンドブックを見れば、名前は調べられます。しかし、数多くある植物の名前を覚えることより、観察する際にどこを見れば良いのか、そのポイントを理解するほうが、植物の生活や生きていくうえでの知恵がわかり、植物への興味が深まります。本書を片手に、実際に植物を手にとって見てみましょう。

異端の植物 「水草」を科学する

田中法生 著

四六並製／本体価格 1700 円（税別）■ 320 頁

ISBN978-4-86064-328-7 C2045

水草の祖先は、ヒマワリやチューリップと同じように、陸上で生活していました。じゃあ、ヒマワリやチューリップは水中で生きられないの？　水草は、植物の世界では少数派。しかし、水草の生態は不思議がいっぱいです。水草の祖先が陸上での生活を捨て、水中で生きるためには、さまざまな能力が必要でした。それらは創意工夫に満ちあふれていて、まさに水草の歴史は進化の驚異そのものです。「水草はなぜ水中を生きるのか？」そんなことを考えながら、水中を生きる植物たちの世界を旅しましょう。

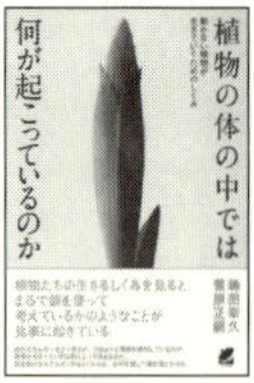

植物の体の中では 何が起こっているのか

嶋田幸久／萱原正嗣 著

四六並製／本体価格 1800 円（税別）■ 352 頁

ISBN978-4-86064-422-2 C0045

動物のように動き回ることのできない植物。しかし、地球上に多種多様な植物が繁栄していることからわかるように、彼らは環境の変化にうまく対応し、進化してきたのです。植物たちは、まわりの環境をどのように感じとり、どのようなメカニズムをもって生きているのでしょうか。本書は、意外と知らない光合成や、生長や代謝にかかせない植物ホルモンのはたらきなど、植物の体の中で起こっている「生きる仕組み」を紹介します。